LONDON

BRICK LANE
PORTOBELLO ROAD
CAMDEN PASSAGE

PARIS

SAINTOUEN
VANVES
VILLAGE St PAUL

MILANO

NAVIGLIO
SENIGALLIA
BRERA

유럽 빈티지 마켓

유럽 빈티지 마켓

초판 1쇄 인쇄 2012년 9월 14일
초판 1쇄 발행 2012년 9월 21일

지은이 심진아
발행인 이상만
발행처 마로니에북스
편집팀장 김우진
책임편집 정인경
디자인 다운
마케팅 임철우, 남무현, 안상현, 김수환

주 소 (413-756) 경기도 파주시 교하읍 문발리 파주출판도시 521-2
전 화 02-741-9191(대) 02-744-9191(편집부)
팩 스 031-955-4921
등 록 2003년 4월 14일 제 2003-71호
ISBN 978-89-6053-273-1

도서문의 및 A/S 지원
마로니에북스 홈페이지 | http://www.maroniebooks.com

유럽 빈티지 마켓

심진아 지음

마로니에북스

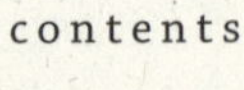

contents

런던 빈티지 마켓 / 8

젊음이 살아 숨 쉬는 런던의 뒷골목 브릭레인 마켓 / 10

런던의 과거와 현재가 공존하는 곳 포토벨로 마켓 / 48

진정한 앤티크를 만날 수 있는 곳 캠든 패시지 마켓 / 78

런던의 빈티지 숍 / 108

파리 빈티지 마켓 / 114

과거 속의 새로움 생투앙 벼룩시장 / 116

파리지앵의 삶 엿보기 방브 벼룩시장 / 150

고즈넉한 파리의 안뜰 빌라주 생 폴 / 174

파리의 빈티지 숍 / 202

밀라노 빈티지 마켓 / 210

하이퀄리티 빈티지의 결정체 나빌리오 마켓 / 212

밀라네제들의 토요일 오후의 쉼터 세니갈리아 벼룩시장 / 240

조용한 예술가의 쉼터 브레라 마켓 / 264

밀라노 빈티지 숍 / 280

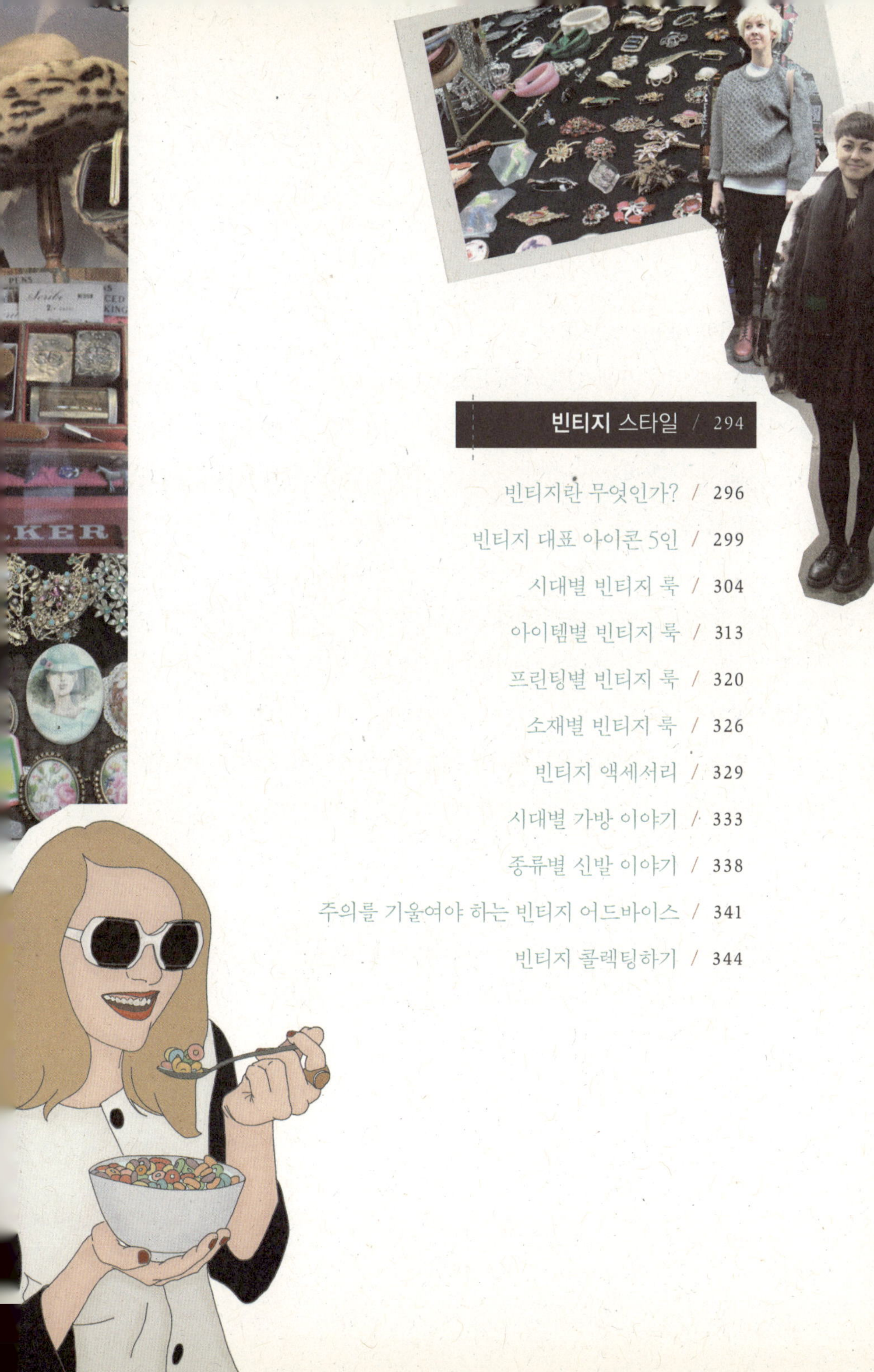

빈티지 스타일 / 294

빈티지란 무엇인가? / 296

빈티지 대표 아이콘 5인 / 299

시대별 빈티지 룩 / 304

아이템별 빈티지 룩 / 313

프린팅별 빈티지 룩 / 320

소재별 빈티지 룩 / 326

빈티지 액세서리 / 329

시대별 가방 이야기 / 333

종류별 신발 이야기 / 338

주의를 기울여야 하는 빈티지 어드바이스 / 341

빈티지 콜렉팅하기 / 344

2007년 5월, 화창한 어느 봄날.

내 몸집만한 이민 가방, 핸드 캐리어, 노트북을 들고 처음 밀라노에 도착했을 때, 낯선 곳에 대한 두려움보다는 호기심이 나를 들뜨게 했다. 가진 거라고는 지도 한 장과 어눌한 이태리어 조금. 그렇게 밀라노에서 나의 20대가 시작되었다.

현대와 과거가 공존하는 도시 밀라노.

옛것을 소중히 여길 줄 아는 이탈리아에 대해 알게 되면서, 소박하고 고전적인 아름다움을 지니고 있는 '빈티지'와 사랑에 빠졌다. 과거와 현재를 어우르는 빈티지의 매력은 나에게 질리지 않는 신선함을 주었고, 아는 사람 한 명 없이 쓸쓸하고 외로운 타국 생활에서 큰 의지가 되어 주었다.

그래서 모두와 공유하고 싶었다.

외국으로 유학을 오거나 여행을 온 친구들이 이런 값진 구경을 하지 못하고 돌아가는 것이 참 안타까웠다. 여기 살고 있는 동안 발 벗고 나서 정보를 모아야 겠다는 생각에, 차근차근 이탈리아나 다른 나라의 웹 사이트, 서적 등을 통해 자료를 모았다. 또 시간이 나는 대로 틈틈히 밀라노와 가까운 유럽 국가를 돌면서 빈티지 마켓

에 대해 조사를 했다. 런던, 파리 등 패션도시를 위주로 몇 번씩 여행을 다니며 그곳의 풍경을 눈에 담고, 사진에 담았다. 매번 갈 때마다 새로운 것들을 발견하는 기쁨으로 마치 어린 시절 봄 소풍의 보물찾기를 하는 것처럼 신이 났다.

출간을 위한 '글'을 쓴다는 게 너무 어려워, 어떻게 시작해야 할지 감도 안 잡히던 2011년 초겨울, 컴퓨터에 워드를 켜둔 채 멍하니 앉아있던 때가 생각난다. 밀라노에서 일을 하면서 틈틈이 준비하느라고 고생은 했지만, 너무 뜻깊고 값진 경험이었다. 돌이켜보면 처음 집필을 시작하던 때의 '나'와 지금의 '나'는 전혀 다른 사람인 것 같다. 이렇게 또 한번 성장했다.

같은 길을 걸으며 끊임없는 충고와 조언을 아끼지 않는 내 인생의 베프 엄마, 아빠, 동생 베나. 언제나 응원해주고 항상 내 편이 되어줘서 너무나도 고맙다. 나의 재능을 발견해서 이 책을 출간할 수 있게 도와준 마로니에북스, 자주 만나지 못해도 늘 스카이프와 스마트폰 등으로 외로운 타지 생활의 힘이 되어주는 친구들, 나에게 영감을 주기도 하고 도움을 주기도 했던, 이 책을 준비하며 만났던 모든 런더너, 파리지엔느, 밀라네제들에게도.

모두에게 감사하다는 말을 전하고 싶다.

브릭레인 마켓

포토벨로 마켓

캠든패시지 마켓

런던 빈티지 숍

LONDON

형형색색 다채로운 컬러들로 가득 메워져 있는 런던. 유럽의 그 어떤 도시보다 '자유분방함'이 강한 만큼 가지각색 개성으로 똘똘 뭉친 풍경이 펼쳐진다. 길거리를 지나가는 사람들의 옷, 헤어스타일부터 블랙캡, 2층 버스 그리고 쇼윈도의 디스플레이까지 정말 '런던스럽다'. 밀라노에서 입었던 세련된 코디도 이곳 런던에만 오면 왜 이렇게 초라하게 느껴지는지. 런더너들의 본인만이 가지고 있는 개성 앞에서는 나는 괜히 있는 힘껏 꾸민 시골 촌아이 같은 느낌이랄까. 그럴 때마다 당장 눈앞에 보이는 어반 아웃피터스나 탑샵으로 직행, 마네킹에 디스플레이되어 있는 것 그대로 구입해 그 자리에서 당장 바꿔 입은 적도 있을 정도.

BRICK LANE
CULTUR
HOLLYWOOD
BABYLON

브릭레인 마켓

젊음이 살아 숨 쉬는 런던의 뒷골목
방황하는 런던 젊은이들에게 꿈을 주는 곳

　　트렌드세터들이 사랑하는 이스트 런던의 '쿨'한 마켓 '브릭레인'! 지금의 마켓이 들어서기 이전에 벽돌과 타일 공장이 많았기 때문에 이런 이름이 붙었다. 이곳은 원래 유대인이 살던 지역인데, 그들이 돈을 벌어 떠나가고 난 후에는 방글라데시나 아랍계 이민족이 와서 살았었다고 한다. 그러던 것이 90년대 이후, 값싼 방을 필요로 하는 가난한 예술가들이 이곳에 자리를 잡기 시작하면서 지금의 에너지 넘치는 브릭레인의 모습을 갖게 되었다. 유명한 그라피티 아티스트 '뱅크시'도 이곳 출신이어서 길을 걷다보면 그의 흔적을 쉽게 발견할 수 있다. 젊음과 열정의 상징인 그라피티가 어딜가나 사람들을 반기고 자유로운 영혼을 가진 젊은이들이 환한 웃음을 짓는 곳. 이곳은 어쩐지 우리나라의 홍대와 닮아있다.

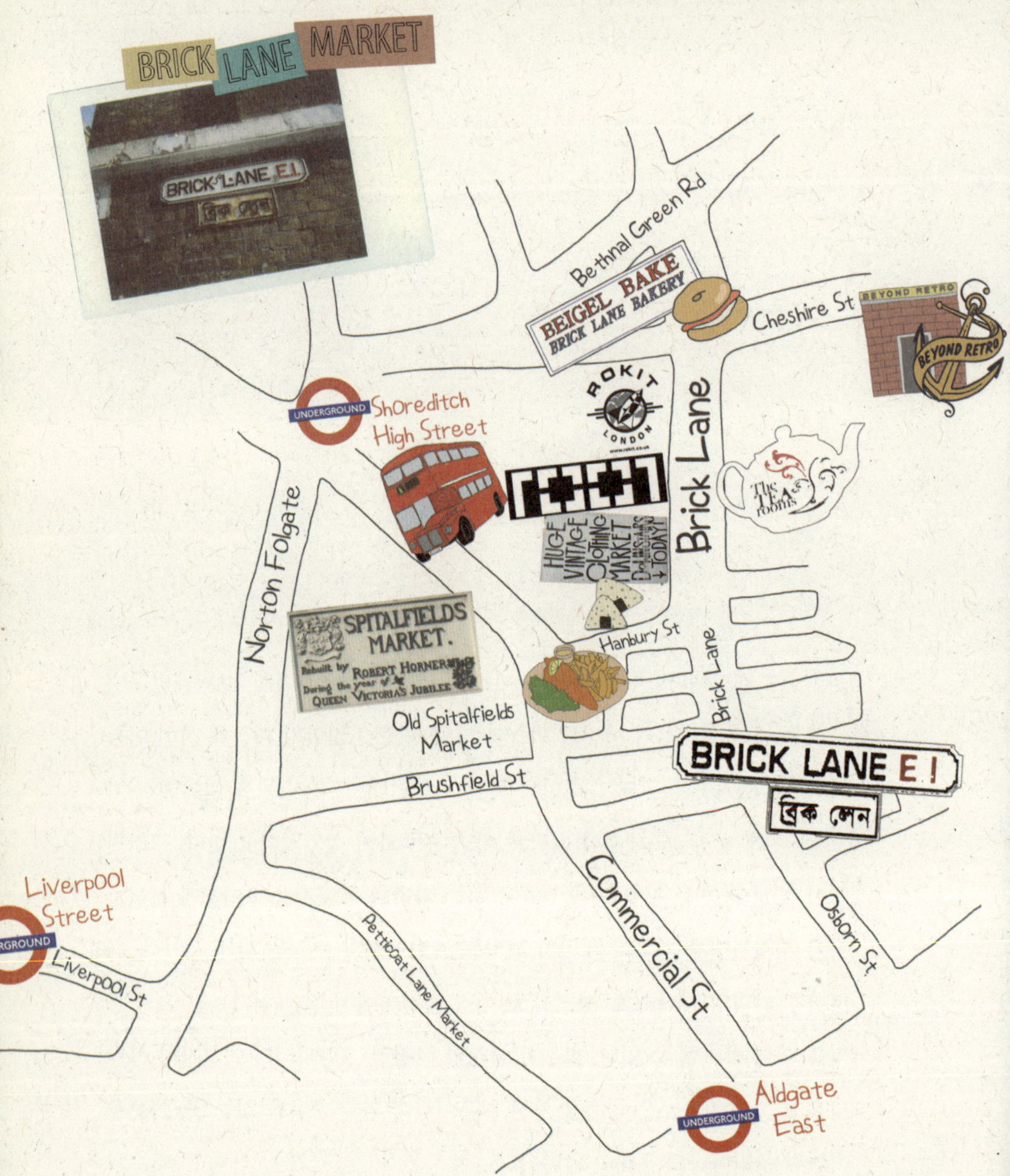

BRICK LANE MARKET
BRICK LANE E.1
Bethnal Green Rd
BEIGEL BAKE
BRICK LANE BAKERY
Cheshire St
BEYOND RETRO
BEYOND RETRO
ROKIT
LONDON
www.rokit.co.uk
UNDERGROUND
Shoreditch
High Street
Brick Lane
HUGE VINTAGE CLOTHING MARKET
DOWNSTAIRS
TODAY!
The TEA rooms
Norton Folgate
SPITALFIELDS MARKET.
Rebuilt by ROBERT HORNER
During the year of
QUEEN VICTORIA'S JUBILEE
Hanbury St
Old Spitalfields
Market
Brick Lane
BRICK LANE E1
ব্রিক লেন
Brushfield St
Liverpool
Street
UNDERGROUND
Liverpool St
Petticoat Lane Market
Commercial St
Osborn St
UNDERGROUND
Aldgate
East

브릭레인을 소개하는 홈페이지에서는 이곳의 매력을 이렇게 설명하고 있다.

"The joy of this market is that you never know what you'll find."
이 마켓의 즐거움은 당신이 무엇을 발견할지 절대 예측할 수 없다는 것이다

이스트 런던에 자리잡고 있기 때문에 위험할 것이라는 편견이 있었다. 하지만 요즘 브릭레인은 런더너들 사이에서도 '힙'한 플레이스로 인기가 높아 걱정은 필요 없다. 특히 일요일에는 아침부터 수많은 젊은이들로 튜브와 리버풀 스트리트 역이 가득 찬다. 주말마다 클러빙을 즐기는 런더너도 일요일에는 젊음의 활기가 가득한 브릭레인을 놓칠 수 없어 늦잠을 포기하고 몸을 단장한다. 브릭레인으로 향하는 튜브 안에는 자꾸 눈길이 가는 개성 있고 포스 넘치는 런더너들이 한가득이다. 그들이 입고 있는 옷에 더 눈길이 가는 이유는, 다른 마켓에 비해 이곳에 '패션' 관련 숍과 노점이 많기 때문이다. 런던에서 제일 유명한 빈티지 숍도 이곳에 자리 잡고 있다.

일요일에는 선데이업 마켓, 백야드 마켓, 스피탈필즈 마켓, 페티코트 마켓이 모두 가까운 거리에 열린다. 이 마켓들을 모두 도보로 구경할 수 있기 때문에 이왕 나온 김에 전부 다 돌아보는 사람들이 대부분이다. 이중 제일 오래된 마켓은 페티코트 마켓인데, 대부분이 '메이드 인 차이나' 같은 질

브릭레인 마켓

낮은 제품들뿐인데다 분위기도 그리 좋지 않다. 스피탈필즈 마켓의 경우 목요일에는 앤티크, 금요일에는 패션과 아트를 전문적으로 다루고 나머지 요일에는 평범한 마켓이 열린다.

브릭레인은 10시 30분에서 11시는 되어야 노점들과 가게들이 열린다. 때문에 너무 일찍 가면 아직 닫혀있거나 준비 중인 곳이 대부분이니 시간을 잘 맞춰야 한다. 홈페이지에 마켓 정보가 자세히 나와 있으니 방문 전에 참고하는 것이 좋다.

리버풀 스트리트 역Liverpoor Street에 내려 비숍 게이트bishop gate 방향으로 나오는데 M&S 슈퍼를 등지고 왼쪽 출구로 나오면 된다. 지상으로 나왔다면 KFC 쪽으로 길을 건너 왼쪽으로 30m 정도 걸어 올라간다. 브러시필드 스트리트Brushfield Street 방향으로 PIZZA EXPRESS를 끼고 오른쪽으로 돌면 대각선 왼쪽 방향에 있는 것이 스피탈필즈 마켓이다. 이곳에서 도보로 2~3분이면 바로 브릭레인에 도달할 수 있으니 모든 마켓이 함께 열리는 일요일에 둘러볼 것을 추천한다.

| Site | www.oldspitalfieldsmarket.com \| www.visitbricklane.org |
| Open | Sun 11:00~19:00 |

… 런던 느낌이 물씬 나는 올드 스피탈필즈 마켓의 입구.

　　리버풀 스트리트 역에 내려 나와 걷다 보면 본격적으로 마켓이 펼쳐진다. 가장 먼저 만나게 되는 건 브릭레인에 가기 위한 필수 관문, 올드 스피탈필즈 마켓이다. 유서가 깊은 이곳은 본래 생선과 청과물을 팔던 곳인데, 이곳에 원래 있던 상인들은 뉴 스피탈필즈 마켓이 생긴 후 그곳으로 옮겨갔다고 한다. 지금은 현대식으로 모던한 마켓 단지를 조성해 다양한 종류의 식당들이 들어섰고, 그 사이사이에는 수많은 노점들이 가득 차있다. 또 지붕이 있기 때문에 비가 자주 내리는 런던 날씨에도 구경하기 참 편하다는 특징이 있다.

　　특히나 이곳은 젊은 아티스트들이 직접 만들고 작업한 물건들을 가지고 나와 파는 경우가 많아 마치 홍대 놀이터 앞의 플리 마켓을 연상시킨

다. 개개인의 창작품을 판매하기 때문에 사진을 찍는 것에 민감하며 못 찍는 곳이 많다 제법 전문적인 분위기와 퀄리티를 갖추고 있어서인지 가격대가 저렴하지는 않다. 목요일을 제외한 다른 날의 경우엔 빈티지나 앤티크 노점보다 이런 뉴 아티스트들의 노점이 더 많다.

　　겉으로는 브랜드 매장들이 마켓을 둘러싸고 있는데 맥Mac, 베네피트Benefit 같은 코스메틱 브랜드부터 프레드페리fred perry 같은 의류 브랜드 등 다양한 매장들이 있으니 구경할 만하다. 이 중에 굉장히 흥미로운 매장이 하나 있다. 그저 작고 평범한 갤러리처럼 보이는 곳인데, 최근 사라져 가는 아티스트 '뱅크시BANKSY'의 그래피티 작품들을 사진으로 모아놓은 곳이다. 이젠 직접 볼 수 없어진 흥미로운 작품들을 감상할 수 있다.

브릭레인 마켓

McManus Brothers
Oyster Bar
6 for £7 · £1.50 each
Blueberry Muffin
Chocolate Muffin
Beautiful Muffins
Banana Muffins

먹거리로 가득 차있는 런던 마켓에서는 집에서 오늘 새벽 구워 나온 빵, 샌드위치, 쫀득한 브라우니, 아기자기한 컵케이크부터 각종 베리, 다양한 종류의 과일, 빠에야, 오코노미야키 등 세계 각국의 음식들을 만날 수 있다. 그중 스피탈필즈에서 가장 눈에 띄었던 곳은 생굴을 파는 'OYSTER BAR'라는 곳이다. 생굴을 레몬과 함께 디스플레이해놓은 이곳은, 굴 하나에 1.50파운드, 6개에 7파운드라는 그리 싸지 않은 가격인데도 불구하고 파운드 자체가 비싸니 한국인들에게 1.50파운드는 런더너들이 느끼는 것보다 비싸게 느껴진다 무척 인기가 많다. 마켓을 한번 둘러보고 오니 어느새 거의 다 팔리고 없을 정도였다. 런던의 다른 마켓에도 오이스터 바는 적어도 한 군데 이상씩 있다.

주말에 사람들이 가장 많이 모이는 장소 중 하나인 이곳에서는 아니나 다를까 프로젝트를 위해 거리로 나온 학생들을 만날 수 있었다. 허름한 벽 앞에 2인용 소파를 하나 가져다 놓고 사람들의 사진을 찍는 과제를 진행 중인가 보다. 한 명은 '우리 과제를 위해서 사진을 찍어주세요'라는 문구가 써 있는 판넬을 들고 있고, 한 명은 삼각대에 고정해놓은 카메라로 사람들을 찍고 있었다. 사진과 학생인 이들은 마켓에 모이는 사람들의 제각각인 모습을 카메라에 담고 싶었다고.

브릭레인 마켓

: 런던의 센스 있는 미용실 인테리어

올드 스피탈필즈 마켓을 지나 본격적으로 브릭레인으로 통하는 길에 들어서면 작은 가게들이 줄을 지어 서있다. 여기에서는 다양한 빈티지 숍, 미용실, 화랑 등을 만날 수 있다. 인디언 핑크 벽지에 손으로 벽화를 그리고 앤티크한 액자를 조화롭게 배열해둔 감각 있는 미용실이 보인다. 가게마다 전혀 다른 분위기를 연출하는 런던의 미용실들. 쇼윈도에는 인형들을 거꾸로 매달아 놓아 아기자기하면서도 기괴하다. '남자 헤어 모델 구함', '어시스턴트 구함' 같은 메모들은 필요할 때 인형에 걸어놓는다. 안에 일하고 있는 헤어디자이너 행색 또한 브릭레인 헤어 숍답게 캐주얼하고 독특했다.

브릭레인 마켓

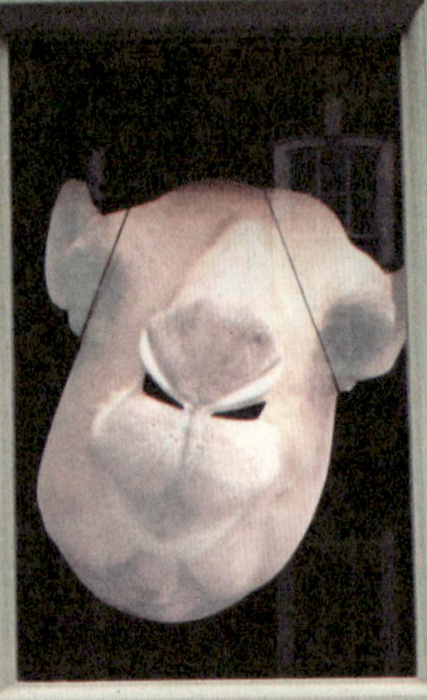

쇼윈도를 가득 메운 유명인 가면

길을 걷다 보니 유명인의 가면들이 쇼윈도를 가득 메우고 있는 문이 나타났다. 이곳은 각종 코스튬과 가면, 기괴한 소품들을 파는 특이한 가게로, 할로윈이 생각나는 곳이다. 그래서 한번은 할로윈 직전 이곳에 들른 적이 있는데 이미 가게는 포화상태로 발 디딜 틈이 없었다. 또 벽면을 빽빽이 채우고 있는 분장 소품들이 너무 많아 이중에서 어떤 것을 골라야 할지 한참을 고민해야 했다. 로얄 웨딩의 여파로 여전히 윌리엄 왕자와 케이트의 가면은 대문에 걸려있다 더불어 엘리자베스 여왕의 가면도 함께!.

이렇게 구경하며 걷다보니 드디어 브릭레인에 도착했다. 본격적으로 브릭레인이 시작되는 지점에는 영어뿐만 아니라 방글라어로 거리가 가득 메워져있다. 이민족이 오래도록 살았던 지역이라 여전히 많은 가게들이 방글라데시인, 아랍인들의 생활 터전이다. 이중에는 커리집이 굉장히 많아서, 거리에는 커리 특유의 냄새가 짙게 베어있다.

이제 제법 많은 사람들이 같은 방향을 향해 걸어가고 있다. 처음으로 만나는 마켓은 선데이업 마켓으로 수 많은 관광객들과 런더너들이 찾는 마

브릭레인 마켓

켓인데, 큰 주차장 건물을 일요일마다 마켓으로 사용한다. 다른 요일에는 주차장으로 쓰이기 때문에 차로 가득 차 있다. 1층에는 먹거리와 의류 위주의 매장들이 자리 잡고 있고, 지하에서는 빈티지 의류와 액세서리를 만날 수 있다. 1층 입구 쪽에는 다양한 먹거리들이 잔뜩 늘어서 있는데, 이곳에서의 군것질을 위해 보통 아침은 먹지 않고 출발한다. 다양한 음식을 먹고 싶다면 친구들과 한가지씩 다른 음식을 사서 나눠 먹는 것도 하나의 방법이다. 날씨가 좋은 날에는 선데이업 마켓 밖에 편하게 앉아 길거리에서 음식을 먹는 사람들이 많이 있다. 아무데나 서서 먹기도 하고, 마켓 뒷문으로 나가면 나오는 커다란 공터에서 음식을 먹기도 한다. 친구들과 타코, 허니 치킨과 누들, 팔라펠 등 자기 입맛대로 다양한 음식을 사들고 자유롭게 앉아 수다를 떨며 음식을 먹다보면, 이런 게 바로 자유가 아닐까 하는 생각에 내가 유럽에 와 있다는 사실을 다시 한번 깨닫는다.

이곳엔 원래 구식 2층 버스일명 루트마스터라고 부른다를 개조한 작은 카페가 있었는데 최근에 이동했는지 없어졌다. 햇빛 쨍쨍 날씨 좋은 날 파란하늘을 배경으로 빨간 루트마스터 앞에서 먹는 점심은 최고였는데…… 요즘의 2층 버스 더블데커와는 다른 클래식한 분위기를 가진 루트마스터는 아직 런던 시내에 한두대 정도 오가는데, 꼭 한번 타보길 권한다. 더블데커와는 달리 뒤쪽에서만 올라 탈 수 있으며 크기가 작고 천장이 낮아서 좀 더 아담한 느낌이 든다. 비가 오거나 날씨가 추울 때는 마켓의 지하나 2층에 마련되어 있는 간이 테이블에 앉아서 즐거운 식사시간을 보내기도 한다.

… 길에서 점심을 먹는 런더너들

　　먹거리 노점상 뒤쪽으로 들어가면 직접 디자인하고 프린팅한 티셔츠, 독특한 컨셉의 가방과 액세서리 등이 준비되어 있는 젊은 아티스트들의 노점을 만나볼 수 있다. 가격도 저렴하고 유니크한 아이템이 많기 때문에 음식을 먹고 한바퀴 꼭 둘러보기를 추천한다.

　　선데이업 마켓 1층의 매장들은 매번 같은 자리에 위치해 있지 않고 매주 조금씩 바뀌는 편이다. 오전에 사람이 북적이지 않았을 때에 이전에는 보지 못한 즐거운 장면을 목격했다. 코너 한쪽에 작은 테이블 하나를 놓고 특수 분장과 페이스 페인팅을 시연해주고 있었다. 신기해서 테이블 위 분장 도구들을 한번 찍어보았다. 이곳과 비슷한 느낌인 'Dolly&Rhonda'는 빈티지 헤어, 메이크업을 해주는 곳인데 페이스북 페이지와 트위터까지 갖추어져 있는 나름 인지도 있는 곳이다. 헤어스타일링과 메이크업을 전공 중인 친

구들이 마켓이 열릴 때마다 용돈도 벌 겸 작은 이벤트를 연다. 금발에 레오파드 퍼를 입은 센스 있는 헤어스타일리스트를 보면서 나도 한번쯤은 받아볼까 하는 마음이 굴뚝같았지만 취재를 해야 하기 때문에 앉아서 시간을 지체할 수가 없었다. 60~70년대에서 튀어나온 것 같은 헤어스타일과 메이크업을 완벽하게 재현해내는 실력자들과 그것을 너무나도 잘 소화해내는 고객들. 런더너들의 눈에도 특이한 광경인 것은 마찬가지인지 한 방송사에서 취재 나온 이들에게 인터뷰를 요청받더라는!

브릭레인 마켓

BRICK LANES
BEST
VINTAGE
MARKET
'LIKE' US ON FACEBOOK

THE BIG
NODDY BOOK
THE GIRL GUIDES
ANNUAL
CHAMPION
BOOK for GIRLS

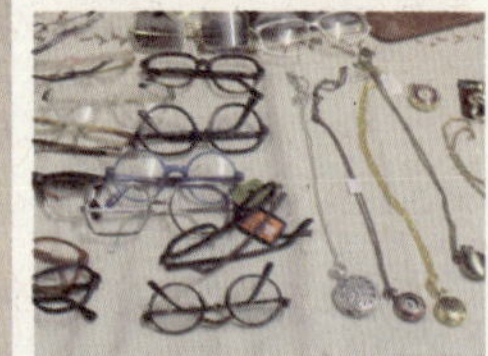

지하로 내려가는 계단에서부터 벌써 구제, 빈티지 특유의 냄새가 코를 찌른다. 정말 빈티지 천국이라고 해도 과언이 아닐 정도로 독특한 곳! 관리되지 않은 낡고 허름한 창고지만 하나하나 구경하고 뒤지다 보면 구입할 만한 것들이 꽤 많아 마치 보물찾기를 하는 것 같다. 가격대도 빈티지 숍들에 비해서 훨씬 저렴한 편! 해골과 함께 디스플레이되어있는 볼드한 반지들은 시크한 룩을 연출하기에 더없이 반가운 아이템. 유명한 빈티지 숍 'ROKIT'에서도 같은 걸 발견했는데 가격이 3~5파운드 정도 비쌌다. 빈티지 선글라스들 또한 마켓에서 단연 1순위로 찾아볼 수 있는 기본 아이템이라 눈길이 간다. 다양한 패턴의 드레스와, 모자, 외투, 신발 등은 자유롭게 착용해 볼 수 있는데 제대로 갖추어진 체인징룸은 없다. 한국에서는 찾아보기 힘들지만 유럽 스트리트 패션에서는 쉽게 발견되는 '헤어 터번' 액세서리도 잇 아이템! 다양한 제복과 모자, 70년대 디스코장 패션이 떠오르는 펑키한 형광색의 점퍼들과 레깅스 등 세상 모든 패션 아이템이 모여 있는 느낌이다. 무지개 색깔로 패치워크된 롱치마는 예쁘지만 쉽게 손이 안가는 아이템인데도 불구하고 수많은 런더너들은 그걸 입어보고 다른 탑과 매치해보기도 하는 과감함을 보여줬다. 거기서 또 한번 그들의 빈티지 센스에 감탄을 금치 못했다. 이것들을 팔고 있는 주인들도 다들 잡지에서 튀어나온 것 같은 센스를 가지고 있어서 눈이 즐겁다.

HUGE
VINTAGE
CLOTHING
MARKET
DOWNSTAIRS
↓ TODAY!
큰 빈티지 의류 마켓이 아래에서 오늘 열려요!

언젠가 한여름인데도 불구하고 꽤나 쌀쌀했던 적이 있는데, 퍼^{FUR} 코트를 입은 런더너를 보고는 패션에 관해서는 오픈마인드라고 자칭했던 나조차 무척 놀랐다 아무리 춥다고 해도 한여름에 퍼라니. 런더너들의 패션에는 그 누구의 눈치도 보지 않는 자유로움이 있다. 내가 추우면 남의 눈 신경쓰지 않고 입어 버리는 런더너들. 패션을 같이 공부했던 이탈리아 친구들도 그런 매력에 빠져 런던을 떠나지 못하고 있다. 유독 런던의 마켓에서는 고개를 돌리기만 하면 퍼 제품을 쉽게 볼 수 있다. 몇 년 전까지만 해도 모피라고 하면 아주머니들이 모임을 갈 때나 차려입을 만한 올드한 느낌이 들어 입어볼 생각조차 하지 않았었는데, 최근 유명한 하이 브랜드들의 컬렉션에서도 절대 빠지지 않는 필수 아이템이 되면서 한국에도 유행이 불었다. 겨울에 한국을 가면 몇 년 전에 비해 퍼 재킷을 입고 있는 사람들을 훨씬 많이 볼 수 있다. 런더너들은 퍼 재킷 안에 라이더 재킷이나 후디를 레이어드하고 스키니진에 워커를 신거나 빈티지한 무늬의 드레스를 코디하는 등 센스 있는 감각으로, 올드해 보이지 않고 개성있는 룩을 연출한다. 최근엔 화이트, 브라운 뿐만 아니라 비비드한 컬러의 퍼도 많이 보이는 추세. 심지어 런던의 빈티지 숍에선 평범한 흰색 빈티지 퍼를 염색해서 팔기도 한다.

브릭레인 마켓

ALBUM OF THE MONTH
TOM THE LION
ROUGH TRADE
EAST
tom the lion
Florence + the Machine
CEREMONIALS
ALBUM OF THE
MONTH
CUSTOM EARPHONES
IN-EAR MONITORS

다시 1층으로 올라와 나가면 로드숍이 몇개 보인다. 그중에 내 눈에 제일 먼저 띈 건 'ROUGH TRADE'라는 상점이다. 이곳은 창고를 개조해서 만든 곳으로 LP 음반부터 각종 음반, 디자인 서적, 머그컵, 티셔츠 같은 소품을 함께 판매하고 있는, 영국에서 손꼽히는 인디레이블인디 음반을 판매, 제조하는 회사 또는 브랜드이다! 입구 유리창에 덕지덕지 붙어있는 LP 음반 표지와 파티 포스터들은 호기심을 자극한다. 개인적으로 LP 음반 디자인을 구경하는 것이 음악을 듣는 것보다 더 흥미로운데, CD 커버에 비해 훨씬 큰 면적이라 볼 것도 다양해서 좋아한다. 상점 내부에는 감각 있는 일러스트와 각종 음반, 포스터들을 나름의 규칙으로 배열해 놓았다. 한쪽 구석엔 간단하게 커피와 티 한잔을 즐길 수 있는 미니 바까지 준비되어있어, 음악을 즐기러 온 사람들에게 여유로움까지 제공해준다. 고정관념을 확 깨어버리는 공간 활용에 또 한번 놀란다.

브릭레인 마켓

선데이업 마켓을 나와 걷다보면 젊은이들이 길 양쪽으로 삼삼오오 모여 있다. 담요 한 장을 펼쳐놓고 그 위에 팔려는 물건들을 늘어놓고는 벽에 기대어 앉아있는데, 가끔은 패션을 공부하는 한국인 유학생들도 만날 수 있다. 런던 유학 생활을 끝내고 한국에 돌아가기 전 짐 정리를 하고 싶어 나왔다던 유학생 언니에게서 아주 싼 가격에 산 가죽 컨버스를 신을 때마다 '언니! 조금만 더 깍아주세요!'라고 흥정하며 타지생활에 대해 이야기하던 추억이 새록새록 떠오른다. 꼭 물건을 팔기 위해 이곳에 나와있는 것이 아니다. 다양한 인종, 성격의 사람들을 만나고 수다도 떨며, 반갑게 인사하고 교류하려는 것이다. 무엇보다도 하루를 즐겁고 의미 있게 보내는 걸 중요시한다는 사람들이 대부분. 한번은 갑자기 소나기가 내리자 본인이 팔던 물건들을 챙기지도 않고 집에 가는 친구도 봤다. 이런 젊은이들의 자유분방함 덕에 마켓이 더욱 활기차며, 다른 곳에서 볼 수 없는 개성 있는 풍경을 연출하는 것이 아닐까? 입이 닳도록 말하는 것이지만 브릭레인의 매력은 그 거리 자체라기보다 그곳에 모여드는 사람들로부터 풍기는 에너지인 것 같다.

BACKYARD
MARKET
OPEN SAT& SUN 10AM-5PM
upmarket@trumanbrewery.com
0207 770 6028
TRUMAN

: 여기가 백야드 마켓이야!

이들을 지나쳐 걷다보면 오른쪽으로 보이는 건물이 백야드 마켓. 이 곳 또한 큰 창고를 토, 일요일마다 마켓으로 운영하고 있다. 본인들이 디자 인한 프린팅 티셔츠, 플라스틱 장난감으로 만든 형형색색의 목걸이와 액세 서리, 평범한 아이보리 스웨터를 직접 염색해 그 위에 다양한 디테일로 포인 트를 준 셔츠 등 다른 곳에서 보기 힘든 젊은 디자이너들의 실험적인 옷과 액세서리를 발견할 수 있다. 젊은 패기를 보여주는 진정한 마켓이라고 부를 수 있을 정도다.

백야드 마켓으로 들어가기 전에도 네다섯 개의 노점이 자리 잡고 있 고 그 왼쪽에는 앤티크, 빈티지 제품을 전문으로 하는 또 다른 작은 창고 'the tea room'이 있다. 물건에 대한 주인의 각별한 애정과 구하기 힘든 유니크한 앤티크 소품들 때문인지, 이곳은 사진 찍기가 매우 까다롭다. 빨강, 노랑 빈 티지 트렁크와 각종 그릇, 유리컵, 앤티크한 액자에 삽입된 빈티지한 사진과 일러스트 등 없는 게 없다. 제일 안쪽 구석에는 컵케이크와 커피, 티를 파는 곳이 마련되어 있는데, 그 좁아 터진 곳 안에서 따닥따닥 붙어 앉아 잠깐의 티타임을 즐긴다. 어딜 가나 앉아서 쉬며 '티 한잔의 여유'를 느낄 수 있는 완 벽한 환경은 티 문화가 발달한 영국에 와 있다는 걸 새삼 실감하게 한다.

길을 걷는 중간중간 거리의 악사들이 많이 보이는데, 그 중 오픈된 피아노를 아주 열정적으로 치며 느낌 닿는대로 마음껏 질러대는 잘생긴 훈남이 있었다. 영국 신사 모자를 쓴 멋쟁이 뮤지션은 사람들이 돈을 줄 때마다 'Thank you'로 감사의 인사를 깨알같이 전한다. 실력도 뛰어나 나도 그 자리에서 5분 동안 움직이지도 않고 동영상을 찍으며 감상했다. 그리고 이것을 함께 공유하지 못한 친구들을 만날 때마다 매번 동영상을 보여주었는데 그들의 반응은 항상 열광적이었다.

바로 뒷편 골목에는 마스크를 끼고 한창 그래피티 작업 중인 남자 아이들이 있었다. 브릭레인에서 쉽게 만날 수 있는 이들은 기존에 있던 그래피티 위에 또 다른 그림을 그리는 중. 무엇을 그리는지 아직은 알 수 없지만 정말 열정적이다. 제2의 '뱅크시'를 꿈꾸는 젊은 아티스트들이 아닐까 싶다. 정치적, 사회적으로 민감한 소재를 다루는 뱅크시는 이름도 얼굴도 알려져 있지 않다. 그는 경찰들의 눈을 피해 벽에 그림을 그리고, 박물관에 있는 유명한 그림 옆에 자신의 그림을 걸어놓기도 한다. 사람들은 그를 '테러리스트의 옷을 입고 화염병이 아닌 꽃을 던지는 예술가'라고 부른다. 그의 작품을 담은 책도 서점에서 쉽게 만날 수 있다. 거리의 아티스트 청년들은 그저 단순하게 벽에 낙서를 하는 것이 아닌, 벽을 캔버스 삼아 예술 작품을 그리는 사람들이다. 어쩌면 훗날 그들이 뱅크시처럼 유명해져 이 벽화들이 아주 큰 가치를 갖게 될지도 모른다. 그들 또한 그 무한한 가능성을 바라보고 달리는 것이 아닐까? 이 때문에 매번 브릭레인에 갈 때는 새로운 그래피티를 찾는 재미가 쏠쏠하다. 하지만 뱅크시를 반대하는 사람들이 그의 그래피티를 지우고 있어 재치 있는 그의 작품을 책이나 사진으로만 만날 수 있다는 게 참 아쉽다.

근처에는 천막이 몇 개 쳐져있고 앉아서 쉴 수 있는 공간이 마련되어 있다. 테이블에는 체스판과 'CARROM'이라는 이름의 보드 게임판이 준비되어 있는데, 이곳을 지나칠 때면 게임에 열중하고 있는 사람들을 볼 수 있다. 추우나 더우나 같은 자리에 앉아 게임을 즐기는 런더너들. 날이 추워 손이 무척 시려울텐데도 털모자를 쓰고 얼은 손을 호호 불어가며 게임을 계속한다. 점심으로 샌드위치를 한입 베어 물고 꼭꼭 씹어가면서 게임에 열중하는 사람들이 참 신기했다. 'CARROM'은 스리랑카에서 시작되어 세계적으로 인기 있는 보드게임이 되었다. 당구 게임과 비슷한 이 게임은 아직 한국 사람들에게는 생소하다. 이것에 대한 정보를 얻으려고 한국 웹을 검색해보았지만 이해할 수 있는 정보를 하나도 찾을 수가 없었다. 런더너들이 이렇게 빠져있는 것을 보면 무척 재미있는 게임이 틀림없는데 말이다. 한쪽 손에는 햄버거를 들고 한쪽 손으로는 게임에 열중하고 있는 사람들의 모습은 지켜보는 것만으로도 재밌다.

마켓에서 만난 또 하나의 재미난 소품 'coffee sacks_{원두 포대자루}'. 일상적으로 자주 봐와서 신기할 것 없는 포대자루지만 이렇게 쌓아두고 파는 것은 처음 본다. 하나에 1~3파운드, 10개에 5파운드. 한국 카페에 원두를 가득 담아 디스플레이용으로도 두는 걸 본 적이 있다. 이 허접하고 멋없는 포대자루마저도 빈티지스럽고 멋스럽게 보이는 내 눈이 이상한걸까.

브릭레인 마켓

BRICK LANE
FOOD VILLAGE
SEATING AREA
PLAY CARROM
JUST LEAVE YOUR
EMAIL DETAILS
WITH CARROM RAJ
IF YOU LIKE
CARROM CAFE
Please help &
on
FACEBOO
id CARROMP
CARROMSHOF
HOTMAIL.CO.
NACHO WITH CHEESE
£ 4.00
STEAK
WITH
OR RICE

브릭레인에서는 다양한 세계 각국의 먹거리를 만날 수 있다. 이곳을 'BRICKLANE FOOD VILLAGE'라고 하는데 고등학교 축제의 먹거리 장터에 온 듯한 느낌을 준다. 이곳에서는 아침 일찍 부지런히 구워낸 빵들을 만날 수 있고, 신선한 생과일 주스 또한 맛 볼 수 있는데2파운드, 한국의 생과일 주스를 생각하면 안 된다. 정말 생과일들만 갈아 몸이 건강해지는 느낌을 주는 주스들이다미지근하고 얼음 하나 없다. 팁을 하나 주자면 마켓이 끝 무렵으로 접어 들었을 때는 하나에 1파운드로 저렴해지며, 끝나기 일보직전4~5시경이 되면 'Free! Free!'라는 외침과 함께 팔지 못하고 남은 주스들을 공짜로 나눠 준다. 그럼 우르르 사람들이 몰려 너나 할 것 없이 하나씩 가져가는데 이 기회를 놓치지 말고 공짜로 마시자.

브릭레인 마켓

BEIGEL BAKE
베이글 베이크

브릭레인을 인터넷에 단 한번이라도 검색해 본 사람들이라면 한번쯤은 브릭레인 베이글 포스팅을 읽어봤을 것이라 단언한다. 이곳은 그 정도로 브릭레인에서는 빼놓을 수 없는 명소로 1년 365일 24시간 쉬지 않고 돌아가는 곳이다. 브릭레인 마켓의 끝자락에 위치하고 있어 천천히 마켓을 구경하다보면 마켓이 끝나는 지점에서 만나볼 수 있다. 언제나 줄이 가게 밖으로 이어져 한눈에 쉽게 찾을 수 있는 이곳은 맛과 가격 두 가지를 모두 충족시켜 주어

특히 배낭 여행객들에겐 더없이 반가운 곳. 플레인 베이글 하나가 고작 25페니(약400원)! 쫄깃한 베이글에 훈제고기를 넣은 짭짤한 'hot salt beef beigel'과 훈제연어가 들어간 'smoked salmon&creamcheese beigel'이 인기메뉴. 베이글 말고도 다양한 종류의 빵을 파는데, 정말 진한 맛의 치즈케이크(60페니)도 인기가 있다. 난 브릭레인에 들를 때마다 마켓구경에 지쳐 허기질 때 마무리로 항상 베이글을 찾는다. 음료수도 70페니로 저렴해 함께 먹기 좋다. 티는 종이컵에 미리 마련해둔 인스턴트 티를 주지만 그것조차 부담 없는 가격에 맛도 있다. 하루에 7000개 이상의 베이글을 만들고 판다니 더 이상의 설명이 필요 없겠지?

Address 159 Brick Lane, London, E1 6SB
Budget 60페니~1.60파운드

CAFE 1001

카페 1001

선데이업 마켓의 모퉁이에 자리 잡고 있는 '카페 1001'은 패션 피플들이 즐겨 찾는 곳 1순위. 직접 가보면 알 수 있듯이 말이 필요 없는 핫 플레이스. 사실 특별한 인테리어가 있다기보단 자유로운 분위기가 이곳의 매력이라고 한다. 주문을 하려는 긴 줄과 북적대는 사람들로인해 멀리서도 쉽게 찾을 수 있는 이곳은 '나 좀 한 패션한다'하는 사람들은 죄다 모인 것만 같다. 이곳 앞에서 런던 스트리트 패션 사진의 반이 찍힌다는 사실이 여실히 드러나는 풍경이다. 대부분의 런더너들은 날씨에 구애받지 않고 야외 나무 테이블을 고집하는데. 점심시간에는 항상 자리가 가득 차서 합석을 하거나 기다려야 한다. 이곳에 앉아 김이 모락모락 나는 얼굴만한 바베큐 수제 햄버거와 통감자를 먹으며 지나가는 패션피플들을 구경하는 것도 소소한 재미! 버거 안의 야채 토핑을 직접 고를 수 있기 때문에 나같이·오이나 야채를 싫어하는 사람들에게 정말 좋은 곳. 햄버거와 식사류의 경우 밖에서 주문해서 사들고 안으로 들어갈 수 있는데 안쪽, 특히 2층에서는 정말 자유로운 분위기를 느낄 수 있다. 다들 노트북을 가지고 나와 자기 편한대로 눕거나 앉아서 먹고 마시며 인터넷

과 작업을 하는데, 같은 테이블에 앉아 마주보고 있지만 결코 같은 일행이 아닌 경우가 허다하다. 혼자 먹으러 가도 절대 민망하지 않은 곳이니까 당당하게 가자! 나 역시 브릭레인에 가는 날이면 피곤한 몸을 이끌고 이곳의 쇼파에 파묻혀 진한 아메리카노 한잔과 함께 노트북을 꺼내 작업을 정리하곤 했다.

Address 1 Dray Walk, London, E1 6AG
Open Mon–Sat 06:00~00:00 / Sun 06:00~23:30
Budget 버거세트 4.50파운드 부터

STORY DELI
스토리델리

따로 간판이 달려있지 않아 무심코 지나칠 수도 있는 친환경 유기농 피자 전문점 '스토리델리'. 그래서 아는 사람들만 찾아갈 수 있는 진정한 맛집이기도 하다. 'CAFE 1001' 바로 옆에 위치해 있는 이곳은 유기농 식탁이라는 콘셉트 아래, 빈티지 마켓에 어울리는 감각 있고 편안한 빈티지 인테리어가 돋보이는데 사진 촬영은 금지되어있다. 크고 길다란 나무 테이블에 여러 명이 앉아서 모르는 사람들끼리 부대끼며 먹는 분위기라 처음에는 어색할 수도 있지만, 금세 적응할 수 있다. 빈티지와 재활용이 콘셉트라 메뉴판 또한 쭉 찢어놓은 듯한 자연스러운 재활용지에 프린트되어있고, 의자도 두꺼운 하드보드지로 박스처럼 만들어 놓아 안에는 수납도 가능하게끔 해두었다. 피자는 평범한 접시가 아닌 나무판 위에 서빙되며 담백한 도우에 다양한 토핑이 올라가는데 영국식 이탈리아 퓨전 피자라고 정의할 수 있겠다. 반숙 계란 프라이가 올라간 피자도 독특하다. 피자를 먹지 않아도 카페처럼 커피나 쿠키, 케이크도 주문 가능. 마켓이 열리는 주말에는 예약자리도 꽤나 있으니 혼잡한 시간대를 피해서 찾아가자. 피자에 시실리안 레모네이드나 핫 진저비어를 곁들이면 금상첨화.

Address 3 redchurch street, London, E2 7DJ

Site http://www.storydeli.com
Budget 12파운드부터

POPPIES FISH & CHIPS
파피스 피쉬앤칩스

올드 스피탈필즈 마켓에서 브릭레인으로 가는 길목에 자리 잡고 있는 '파피스 피쉬앤칩스'. 로컬들에게 유명한 곳으로 아직 한국 웹사이트나 블로그에선 앞서 소개한 다른 맛집들에 비해 정보가 거의 없다. 레스토랑이지만 테이크 아웃도 가능한 이곳은, 저녁이 다가오면 맥주 한잔에 피쉬앤칩스를 맛 보려는 사람들로 줄이 늘어서 있다. 1945년에 열어 50년 이상의 전통을 가지고 있는 이곳은 Pop과 그의 가족들이 운영하고 있다. 그래서 가게 이름도 'Poppies'라고. 50년대 풍의 빈티지한 인테리어도 이 가게의 인기에 한몫하는데, Pop 아저씨가 직접 하나하나 콜렉팅 해온 벽면을 가득 채운 액자, 상큼한 민트색의 주크박스, 다양한 소품 등은 이곳을 찾는 런더너들에게 노스텔지아를 불러일으킨다. 블로그 활동과 SNS 활동이 활발해 많은 정보를 얻을 수 있는데, 월요일부터 수요일 2시에서 5시 사이에 찾아오는 손님에게는 프리 드링크를 제공하는 등의 이벤트도 있다. 이미 영국 현지 방송에서도 촬영해 갔을 정도로 인기가 많은 이곳. 날씨가 좋은 날엔 가게 앞에서 맥주 한잔씩 들고 길바닥

에 앉아 먹는 젊은이들도 많다. 항상 테이크

아웃이 조금 더 저렴한 편이라 날씨가 좋으

면 런더너들과 어우러져 자유롭게 먹는 것

도 나쁘지 않을 것 같다.

Address 6-8 Hanbury Street, London, E1
6QR
Site http://poppiesfishandchips.co.uk
Open Mon- Thu 11:00~23:00
    Fri- Sat 11:00~23:30
    Sun 11:00~22:30
Budget 10파운드부터

브릭레인 마켓

GRACE JONES
CHIN CHIN
SIDE 1
The Beginning
Portobello
ReCollection
www.portobellorecollection.org
12 LIVERPOOL ST.
'London Evening News'
Portobello Road
and market
DOLPHIN ARCADE
155 157
DOLPHIN ARCADE
155
DOLPHIN
APARTMENTS

포토벨로 마켓

영화 〈노팅힐〉의 배경이 된 포토벨로 마켓. 휴 그랜트가 마켓을 걸으면서 사계절이 변하는 유명한 장면이 기억나는가? 바로 그곳에 내가 서있다는 생각에 두근거린다. 〈노팅힐〉의 주제가 'SHE'와 너무나도 잘 어울리는 로맨틱한 거리 포토벨로 로드 Portobello Road. 전 세계 많은 사람들이 알고 있고, 또 가고 싶어 하는 곳. 무려 십여년 전의 영화임에도 불구하고 영화 속 장면을 추억하기 위해 아직도 많은 영화 팬들이 찾아온다.

주중에는 온갖 종류의 과일과 채소를 파는 장이 열린다. … 그러다 주말이 되면 수백 개의 상점들이 나타나서 상점 탁자들이 노팅힐의 입구까지 포토벨로 거리를 막아 버린다. 그리고 수천 명의 사람들이 수백만 개의

골동품을 거래하는데…… - 휴 그랜트의 극중 대사

　　포토벨로 마켓은 웨스트 런던을 대표하는 마켓으로 1939년에 최초
의 앤티크 상점이 문을 열면서 그 역사가 시작되었다. 현재에는 2000여개의
상점과 노점들이 모여 있는, 세계에서 가장 유명한 마켓 중 하나다. 또한 제
일 긴 마켓이기도 한데대략 2킬로미터, 왕복하는 데만 두 세시간이 걸릴 정도다.

평일엔 조용하고 한적하기 그지없는, 평범하고 예쁜 거리에 불과한 곳이지만 토요일 아침이 되면 노팅힐 게이트 역^{Notting Hill Gate}부터 포토벨로 로드에 이르기까지 수많은 관광객들로 붐빈다. 이태리어, 미국식 영어, 스페인어 등 다양한 언어들이 귓가에 들린다. 휴 그랜트가 길을 걷는 영화 속 장면을 생각하며 걸어보자. 상상만으로도 그 로맨틱함에 기분이 좋아진다.

노팅힐 게이트 역에 내려 포토벨로 마켓 출구로 나와 사람들을 따라 10분에서 15분 정도 걷다보면 포토벨로 로드를 만날 수 있다. 그외 노팅힐을 지나치는 버스들도 많이 있으니 버스를 이용하는 것도 괜찮다. 다른 요일도 상점이 열리기는 하지만 노점이 하나도 없어 너무나도 조용하다. 수많은 인파로 인해 걸음이 더뎌질 정도로 복잡하고 붐비긴 해도 가장 많은 볼거리를 즐길 수 있는 날은 토요일! 힘들더라도 이날 아침 10시 경부터 구경하는 걸 추천한다.

Site	www.portobelloroad.co.uk
Open	Sat 08:00~18:30

포토벨로 마켓

ICE COLD
Coca-Cola
SOLD HERE
JACK DANIELS
WHISKEY
THOR
SPIDER-MAN
SUPERMAN
WOLVERINE
NOTTING HILL
GATE W1
SHOPLIFTERS WILL BE
BEATEN, STABBED
AND STOMPED
FORTOBELLO
ROAD W1
ABBEY
ROAD NW8
AUTHENTIC
IRISHMAN
FOR HIRE
BAR RULES
BEER WILL
CHANGE
THE WORLD!
DRINK
COFFEE
AMAZINGLY
ENOUGH
I DON'T
GIVE
A SHIT
KEEP
CALM
AND
CARRY
ON
MOTHER
Norton
ROUTE
US
66
JACK DANIEL'S
OLD TIME TENNESSEE
WHISKEY
DRINK BEER
ICE COLD
PORTOBELLO
ROAD W1
NOTTING
GATE W11
CARNABY

:산 같이 쌓여있는 포토벨로의 빈티지 아이템

　　노팅힐 게이트 역에 내려 인파에 휩쓸리다 보면 자동적으로 포토벨로 마켓 출구로 나오게 된다. 여기서 10~15분 정도 걸어야지 마켓이 시작되는데 마켓을 향해 걸어가는 길에도 볼 것이 참 많다. 길 양쪽으로 작고 앙증맞은 가게들이 다닥다닥 늘어서 있다. 다홍색 빈티지 자동차 위에 먹음직한 피자를 올려놓은 이탈리안 피자 가게, 유니온 잭으로 프린팅한 옷과 가방을 파는 가게 등 개성 넘치는 상점들은 지나가는 관광객들의 눈길을 끌기에 충분하다. 몇 개의 숍을 구경하며 걷다 보면 왼쪽으로 드디어 포토벨로 표지판이 보인다. 포토벨로 로드가 시작되는 지점에서는 파스텔톤의 예쁜 주택가가 펼쳐지는데 노팅힐에서는 이런 컬러의 집들을 많이 볼 수 있었다. 알고 보니 런던에서 제일 예쁜 동네 중 하나로 손꼽히는 곳이라고. 어쩜 이런 파

스텔 톤으로 건물을 칠할 생각을 했는지 색감이 정말 아름답다. 이웃집과의 소통이 없었다면 각각의 색들이 조화를 이루는 이런 아름답고 사랑스러운 거리가 태어날 수 없었겠지. 하늘 위에서 보면 딱딱한 건물이 아니라 꽃밭으로 보이지 않을까 싶다. 생활 속에서 늘 미적인 감각을 추구하는 그들의 오랜 전통이 오늘날 '런던=빈티지' 라는 공식을 성립시켰는지도 모른다.

포토벨로 마켓

PORTOBELLO
MARKET
ANTIQUES
NEW GOODS
FRUIT & VEG
NEW GOODS
FLEA MARKET
GOLBORNE MKT
NEW GOODS
Thurs
m - 6.30pm
Friday
m - 6.30pm
urday
m - 1.30pm
PORTOBELLO
MARKET

마켓이 시작되는 입구의 포토벨로 로드 간판은 대부분의 관광객이 꼭 사진을 찍는 곳이다. 내가 지금 이 순간 지구의 어느 곳에 서있는지를 확인해 보고 싶은 마음일까? 줄을 서서 찍어야 할 때가 다반사이며 내가 찍어준 관광객들만해도 손에 꼽을 수 없을 정도! 이 포토벨로 로드 간판에는 마켓의 순서가 위치별로 적혀 있으니 양쪽으로 즐비한 앤티크, 빈티지 가게들을 살펴보기 전에 먼저 마켓의 순서를 눈여겨 보자.

'ANTIQUES – NEW GOODS – FRIUT & VEG – NEW GOODS
– FLEA MARKET – GOLBORNE MKT – NEW GOODS'

포토벨로 마켓은 크게 이런 순서로 나누어진다. 곳곳에 이런 간판이 있고 현재 위치에 빨간색으로 표시되어있기 때문에 내가 어디에 있는지 혼동될 일은 없다. NEW GOODS 섹션은 시장에 흔히 널린 중국산 새 제품들이 대부분이기 때문에 굳이 자세히 살펴볼 필요가 없을 거라 생각된다. ANTIQUES, FRUIT&VEG, FLEA MARKET을 위주로 돌아보자.

마켓 입구의 왼쪽에는 간판에 GALLERY나 ARCADE라고 적힌 상점들을 볼 수 있는데 이는 작은 노점들이 한 건물 안에 옹기종기 모여있는 곳을 말한다. 이런 것까지 다 둘러보려면 하루종일 걸리니 먼저 메인 스트리트를 따라 구경한 뒤 시간이 나면 둘러보는 게 좋다.

포토벨로 마켓

　　이런 사소한 발견들에 즐거워하며 걷다가 은식기가 잔뜩 모여있는 노점들을 만났다. 오래 되었지만 보관을 잘해서 상태가 좋은 은제품이 많이 있었는데, 저마다 반짝반짝 빛을 내며 새로운 주인을 기다리고 있었다. 1500년대부터 귀족들의 집에서 식기로 사용된 은은 독에 반응하기 때문에 대부분의 귀족들이 사용했다고 한다. 사용하고 난 뒤의 관리가 번거롭지만 섬세하면서도 화려한 디자인들 때문에 많은 사랑을 받았다. 다양한 식기들 가운데서도 특히 티포트 세트는 꼭 한점 갖고 싶을 만큼 아름답다. 나른한 오후에 이런 티포트로 우린 잉글리시 브랙퍼스트 티 한잔이면 모든 게 로맨틱해 보이지 않을까? 가격은 문양이 많이 들어가 화려하고 디테일이 강조된 것일수록 높아진다. 아닌게 아니라 장인들의 섬세한 수공예 제품은 어딘가 모르게 품위가 있어 보인다. 주인 할머니가 나에게 "은제품은 역시 빅토리아 시대!"라는 말을 해주기도 했는데, 예술을 향한 장인들의 노력과 열정은 몇 백년이 지난 지금도 빛이 난다.

　　오른쪽에 한눈에 들어오는 빨간색 가게 'ALICE'S'! 1887년에 문을 연 오랜 전통의 이곳은 간판의 레터링조차 빈티지스럽다. 안으로 들어가면 정말 볼 것이 많은데 사진 촬영이 금지되어있어 함께 공유할 수 없다는 게 너무 아쉽다. 빈티지 가죽 안장, 어디서도 볼 수 없었던 비행기 모형 등 유니크한 소품들을 만날 수 있으니 꼭 한번 구경해 볼 것. 티켓 창구 같은 곳에 마련되어 있는 작은 규모의 카운터에는 유리 창문과 문이 달려있고 그 너머에는 주인 아주머니가 앉아 있다. 각종 빈티지 포스터와 일러스트, 온통 꽃무늬만으로 프린팅된 머그컵과 티포트 세트들, 런던의 상징인 빨간 2층 버스와 공중전화 박스 같은 기념품들도 파는데 모두 가격이 달려있으니 일일이 주인에게 물어볼 필요는 없다.

　　앨리스 맞은편 골목, 빨간색과 대비되는 파란색 벽돌 앞에는 핸드메이드 잉글리시 베어와 빈티지 지도, 일러스트를 파는 노점이 있다. 여기서

만날 수 있는 'BOOTED PADDINGTON BEAR'는 벌써 50년 이상의 역사를 가지고 있는 노란 장화를 신은 테디베어다. 런던 패딩턴 스테이션의 상징이기도 한 이 테디베어를 저렴한 가격에 살 수 있는 기회를 놓치지 말자!

인형하니까 생각나는 가게가 하나있다. 아주 작은 그릇과 그 그릇이 깔끔하게 정돈되어있는 찬장, 웨건, 소파, 피아노 등 영국의 가정집을 재현해 놓은 미니어처 가게다. 장식품들을 보고 있으면 내가 마치 소인국에 놀러간 거인으로 착각이 될 만큼 모든게 섬세하며 앙증맞다.

정교한 문양부터 숫자, 알파벳까지 원하는 모양을 종이에 찍어 볼 수 있는 도장 가게에서는 즉석에서 원하는 디자인을 제작해주기도 하는데 가격은 좀 높은 편이다. 나도 내 이름의 영어 이니셜을 찍어 내가 여기 다녀갔다는 흔적을 포토벨로 한가운데 남겼다. 당장 필요하지 않기 때문에 망설이기

만 하고 결국 사지 않았지만 다음에 다시 간다면 'Jinasim' 스펠링 전부 사가

지고 돌아올테다.

할아버지들이 한 노점을 둘러싸고 흥미롭게 구경하고 있길래 어떤
물건을 파는 곳인가 궁금해서 다가가 보니 지팡이를 파는 곳이다. 평범한 지
팡이부터 강아지, 토끼, 호랑이 등 동물 형상을 손잡이 부분에 새겨넣은 해
학적인 지팡이까지 다양하다. 단순한 지팡이에도 의미를 담아 외로운 노인
들의 마음을 달래주기 위해 동물 형상을 넣은 것은 아닐까? 혼자가 아닌, 애
완동물을 데리고 다니는 듯한 의미에서 말이다.

런던 사람들도 동물을 무척 좋아하는데, 특히 귀여운 강아지들이 한
껏 영국스럽게 차려 입고 있는 쿠션 커버는 애완동물을 키우는 사람들이 즐
겨 찾는다. 보통 본인들이 키우는 강아지 종이 프린팅된 커버를 골라간다고.

강아지를 키우고, 매일 만지고, 보는 걸로도 모자라서 쿠션까지 사가니 사람들의 광적인 애완동물 사랑이 마구마구 느껴지는걸.

장난감 자동차가 가득한 노점에서 발견한 것은 포토벨로 마켓에서 흔히 볼 수 있는 아이템 중 하나인 런던의 옛 2층 버스 '루트마스터' 미니어처! 루트마스터는 노점, 가게들마다 조금씩 가격 차이가 나니 한바퀴 돌아보고 제일 싼 곳을 찾아 사도 늦지 않다. 그 옆에 자그마한 장난감 자동차들은 3~10파운드 정도.

그 옆 노점에서는 할아버지 한 분이 특별한 것 하나 없어 보이는 서랍장을 뭐가 그리 흥미로운지 자세히 살펴보고 있었다. 알고 보니 서랍마다 각종 실제 곤충 표본들을 모아둔 것이었다. 사슴벌레, 딱정벌레, 잠자리……
징그럽긴 했지만 신기해서 나도 하나하나 열어보며 구경했다. 이런 곤충 표본들은 흔하진 않지만 한번씩 마켓에서 보이기도 하더라.

노점상 뒤쪽으로 많은 앤티크 숍이 줄지어 있는데 중간에 잉글리시 티와 커피를 마실 수 있는 'TEA ROOM'이 있다. 하얀 린넨 앞치마에 빨간색 체크무늬 드레스를 입고 차를 따르고 있는 할머니 모습 간판과 가게 입구만 봐도 가게 안의 분위기를 짐작할 수 있을 정도. 영국 빵인 스콘과 함께 향기로운 티를 마시며 나른한 오후에 작고 소박한 즐거움을 느껴보자. 포토벨로의 매력에 흠뻑 빠져 티를 마시니 여행객이 아닌 런더너가 된 것 같은 기분이 들면서, 그들의 여유와 활기가 고스란히 전해져온다.

포토벨로 마켓

FIORENTINI
BAKER
Tea
Room
OPEN
COFFEE
CREAM TEAS

런더너의 여유로움과 활기의 비밀은 무엇일까 궁금했는데, 한 인형 노점에서 만난 노부부의 모습을 보고는 그 이유를 알았다. 작고 다양한 병정 인형들, 늠름한 말을 타고 있는 기마병, 버킹엄 교대식에서나 볼 수 있을 법한 근위병들, 스코틀랜드의 전통의상 퀼트를 입은 인형까지 잔뜩 늘어져 있는 노점. 가격은 4파운드에서 10파운드 정도로 그 희소성에 따라 달라진다. 인형을 고르고 있던 단골손님 영국인 노부부는 지루하고 나른한 주말 오후에 잔뜩 멋을 부리고는 마켓 구경에 나섰다. 물건을 구매하는 것만이 목적이 아니라 사람들을 구경하며 그들의 열정과 사람들간의 정을 느끼면서 삶의 활력도 되찾는다고. 나 또한 공감이 간다. 한주 내내 회사에서 시달렸다고 해도 주말에 집에서 쉬는 것보다는 바람도 쐴 겸 시내 구경을 하는 것이 훨씬 피로가 풀리는 느낌이니 말이다.

SITE 52
T.F. CAIN
SITE 52
QUALITY FRUITERERS   33 SPRING St. W.2

Sprinkle donut
£1.00 &
3 for £2.70
Half Cheese
+ Baguette
£2.00
Brie + S
£2.00
Chocolate donut
£1.00 &
3 for £2.70

Beetroot
Sweet
Potatoes
Butternut
Squash
Corn

LEEKS
LEMONS

이렇게 앤티크 마켓을 구경하다 보면 어느 순간 시끌벅적해지는데 여기부터가 'FRIUT&VEG' 구간이다. 이곳은 각종 과일과 야채들이 저렴하면서도 신선도가 뛰어나, 근처에 사는 런더너들에게 장보기 1순위인 곳이다. 물론 구경나온 관광객들에게도 더할 나위 없이 달콤한 먹거리를 제공해준다. 베리류는 먹기 쉽게 1회용 플라스틱 용기에 담겨있어 마켓을 구경하며 요기하기에 좋다. 계절마다 들어가는 과일의 종류들이 조금씩 달라지기는 하지만 단돈 4파운드에 칼칼했던 목도 축여주고 허기도 채워주니 이런 맛에 시장구경은 시간이 가는 줄 모른다.

아침에 갓 구워온 다양한 종류의 빵들이 달콤하고 맛있는 냄새를 풍기며 후각을 자극한다. 도넛, 머핀, 쫀득한 브라우니부터 햄치즈와 샐러드가 들어간 파니니, 바게트 등을 한 곳에서 다 맛볼 수 있다. 특히나 사람 얼굴크기 만한 'RAINBOW SPRINKLE DONUT'은 예뻐서 한번쯤 사먹어 보고 싶은 욕구를 일으킨다. 말 그대로 무지개빛 설탕이 뿌려져 있기 때문에 어린아이들이 좋아하는 간식 1순위라고! 이 많은 빵집 중에서도 저렴한 'pick n mix'를 찾아가자. 마켓이 끝나갈 무렵 해가 슬슬 지기 시작할 쯤에는 2파운드에 3가지 빵을 고를 수 있는 기회도 온다. 그리고 각종 초콜릿과 비스킷 등을 노점에서 싸게 팔기도 하니까 선물로 사기에 부담이 없어 딱 좋다. 대부분의 식재료, 먹거리들은 오후 4~5시가 넘어 마켓을 접을 무렵이면 싼 값에 떨이로 파니까 그때를 노리자.

포토벨로 마켓

영화 〈노팅힐〉을 보고 찾아온 친구들에게 한 가지 새로운 소식이 있다면 극중 휴 그랜트의 직장 'TRAVEL BOOKSHOP'은 원래 있던 곳에서 다른 골목으로 옮겼다. 그치만 새로운 상점도 영화 속 모습을 그대로 재현해놓아 여전히 사람들이 붐빈다. 그곳 앞에 가니, 이미 많은 사람들이 사진 한 장 남기려고 너 나 할 것 없이 카메라를 들고 포즈를 취하더라. 사실 주인 입장에선 조금 짜증나지 않을까 하는 생각이 들기도 했다. 오는 사람들은 죄다 기념사진만 남기고 떠나니까. 원래 영화 속 간판에서는 'TRAVEL BOOKSHOP'만이 적혀 있었는데 영화의 유명세 덕분에 'THE NOTTING HILL BOOKSHOP'이라는 반질반질한 새 간판을 하나 더 만들었더라.

바로 맞은 편에는 이름 그대로 요리책을 전문으로 파는 쿡북숍 'Books for Cooks'가 있다. 쿡북숍은 요리를 즐기고 사랑하는 사람들에게 천국 같은 곳. 요리책은 물론 요리를 참고하기 위해 사는 것이지만, 요즘 시중에 판매되는 요리책들은 책의 사진과 편집 디자인 또한 예뻐서 부엌 한켠 선반 위에 가지런히 디스플레이해놓으면 인테리어 소품이 되기 때문에 많이들 찾는다. 인테리어 사진을 리서치하다 보면 부엌 사진에서 요리책이 절대 빠지지 않는다.

포토벨로 마켓

　　과일과 야채, 먹거리 구간을 지나고 'NEW GOODS' 코너를 구경삼아 지나치면 오른쪽에 'FARMERS MARKET'을 만날 수 있다. 이곳 또한 먹거리 장터라고 보면 된다. 2011년 6월에 처음 열린 이곳은 핸드메이드 컵케이크, 빵, 팔라펠, 나폴리식 피자 등 다양한 종류의 먹거리들이 함께 모여 있는 곳이다. 사람들이 이곳까지 오지 않고 돌아가는 경우가 많기 때문에 마켓 중간에서 만날 수 있는 'FRIUT&VEG' 구간에 비하면 사람이 적은 편. 너무 복잡한 곳에서 먹기가 꺼려지는 사람들은 이곳에서 잠시나마 휴식을 취하며 조용히 식사를 해결하자.

　　계속 걷다보면 드디어 마켓의 후반부를 만날 수 있는데, 여기서는 진정한 'FLEA MARKET' 분위기를 느낄 수 있다. 차를 끌고 나와 한쪽으로 쭉 주차해두고 트렁크를 오픈해서 팔기도 하고, 본인의 집 앞에 필요 없는 가구를 덩그러니 내놓고 손님을 기다리는 사람도 있다. 한쪽 도로에는 차들이 늘어서 있고 반대편으로는 띄엄띄엄 노점들이 손님을 기다린다. 각종 그래피티와 아트작업 레코드판 컬렉션을 몇 미터에 걸쳐 프린팅해놓았다 을 해놓은 벽돌 벽은 그

앞에 진열된 플리 마켓을 더욱 감각적으로
만들어 준다. 군데군데 옷을 파는 곳이 있는
데 앞쪽에서 만났던 빈티지 의류에 비해 훨
씬 저렴하다. 대신 관리가 되어있지 않아 구
멍이 나거나 얼룩이 져있는 옷들이 있으니
꼼꼼하게 살펴봐야한다. 한번은 아이보리
니트를 싸다고 제대로 보지도 않고 샀다가
집에 와서야 대여섯 개의 구멍을 발견하고
실망한 적이 있다. 이왕 구멍난 김에 청키한
느낌을 주기위해 좀 더 구멍을 뚫었더니 또
다른 느낌으로 변신했다. 이런 게 빈티지의
즐거움! 이런 정리정돈되지 않은 곳 사이에
서 의외의 보물을 득템하는 경우가 많다. 비
슷하거나 똑같은 아이템도 마켓 초입 부분
이나 한가운데에 있는 곳보다 이쪽이 훨씬
저렴하다.

포토벨로 마켓

　　예전에 런던외곽, 옥스퍼드, 캠브릿지, 스코틀랜드를 여행할 때 B&B^{Bed&Breckfast}에서 머무른 적이 있다. 런던 근교의 많은 가정집이 남는 방 한 두개를 두고 손님을 받아 잠자리와 간단한 영국식 아침을 제공하는데, 그때 처음으로 영국인들의 가정집을 방문했었다. 어느 집 하나 나를 실망시키지 않았고 굉장히 깨끗했다. 곳곳에 자리를 차지하고 있던 소소하고 아기자기한 인테리어 소품들이 아직도 기억난다. 지금 생각하면 모두 빈티지 마켓에서 사온 게 아닐까 싶다. 하룻밤을 지내러 오는 손님들의 눈이 즐겁도록 선반에 깨알 같이 진열해놓은 병정 인형들과 식사시간이 되면 테이블에 꺼내 놓았던 접시들과 포크, 나이프, 테이블보들이 전부 빈티지스럽고 정겨웠다. 그것은 여행에서 얻은 모든 피로를 한번에 날려줄 만큼 소소한 기쁨이었다. 마켓을 구경하던 중 몇 년 전 B&B에서 머물렀던 추억들이 계속 떠올랐다. 포토벨로의 마켓과 거리는 그만큼 정겹고 익숙한 공간이었다. 관광객으로 가득 찬 복잡하고 정신없는 포토벨로 마켓이지만, 다양한 사람들을 만날 수 있고 다양한 문화를 접할 수 있다는 것이야말로 이곳의 매력이 아닐까.

판매를 위해 가정집 앞에 내놓은 앤티크 화장대

:: 포토벨로 마켓 벽을 가득 메운 아트 워크

tting Hill near Portobello market that I would
urs than go to Madame Tussaud's and
and full of history." Joe Strummer
THE ISLAND SCENE
island
Portobello ReCollection
is sponsored by
Revolution Signs Limited
www.revolutionsignslimited.com
one
www.oneyogacentre.com
Portobello ReCollection
ReCollection team for your hard work and dedication:
hotography - teresajanecrawley@yahoo.co.uk
working & retouching - www.leowilliamson.co.uk
ional photography & retouching - www.undaline.com
- studio assistants / Mark Griffiths - additional photography
nd lent their records. Gaz Mayall, Tom Vague, Tim Burke, London
eland Life, XL Records, Sarm Studios, Virgin Records, Rough
Trade & Rough Trade Vintage, Intoxica Records, Mikey Campbell
& Video Exchange, Intoxica Records
Jennison, Sandra Hega

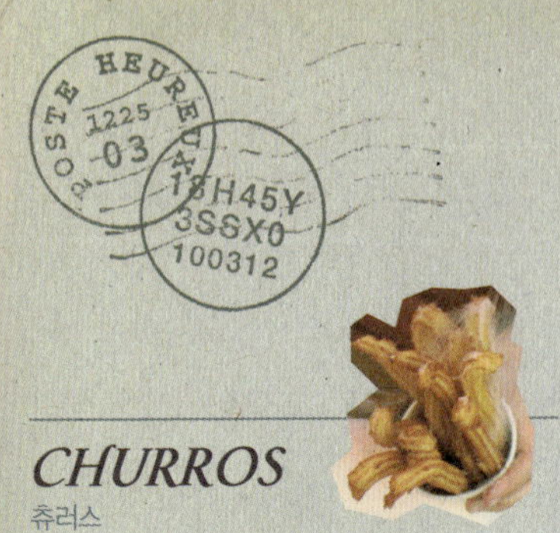

CHURROS
츄러스

한국 사람들이 생각하는 놀이공원 츄러스와는
다르다. 한국처럼 이미 만들어 놓은 걸 따뜻하
게 데워 파는 게 아니라, 기계에서 츄러스 반죽
을 쭉 짜 그 자리에서 튀겨 준다. 종이컵에 꽉
차다 못해 넘칠 만큼 가득 담아주고 그 위에 시
나몬과 설탕을 뿌려준다. 원하면 따뜻한 초콜렛
시럽을 미니 종이컵에 담아주기도 한다. 여기다
츄러스를 찍어먹으면 당이 100프로 충전되는
느낌! 하나만 먹어도 양이 많으니 친구와 같이
왔다면 하나만 구입해 나눠먹고 다른 먹거리들
을 먹는 게 현명한 선택!

Budget 3.50파운드

HUMMINGBIRD BAKERY
허밍버드 베이커리

벌새가 마스코트인 '허밍버드 베이커리'는 포
토벨로 마켓 초반 앤티크 구간 쪽에 위치해 있
다. 잘못하면 그냥 지나쳐 버릴 수 있을 정도
로 작지만 세계에서 제일 맛있다는 유명한 가
게다. 가게가 좁아 앉을 공간이 거의 없어서 밖
에서 먹는 사람이 대부분. 테이크 아웃이 더 싸
기 때문에 그냥 손에 하나씩 들고 마켓을 구경
하며 먹자. 사람이 많은 시간대에는 점원 한 명

이 제일 인기 있는 컵케이크(레드벨벳, 바닐라,
초코크림)들을 가게 밖에서 테이크 아웃 가격
으로 파니까 줄을 길게 기다려야할 필요도 없
어서 편하다. 그치만 내부 인테리어가 예쁘니
한번쯤 들어가보는 것도 나쁘지 않다. 컵케이크
뿐만 아니라 케이크들을 조각으로 팔기도 하고
허밍버드가 찍혀진 쫀득한 브라우니도 판다. 워
낙 유명한 가게라 컵케이크 레시피가 담긴 요
리책도 출간되었고 사랑스러운 컵케이크 사진
들이 찍혀있는 엽서&카드 같은 문구류도 한쪽
켠에 마련되어 있다. 일찍 열지 않기 때문에 마
켓에 일찍 나온 사람들은 한 바퀴 둘러보고 돌
아오는 길에 먹으면 딱 좋다. 센스 있는 쇼윈도
도 눈여겨볼 것 중 하나.

Address 133 Portobello Road Notting Hill,
London W11 2DY
Site http://hummingbirdbakery.com
Open Mon–Fri 10:00~18:00
　　　　Sat 09:00~18:30
　　　　Sun 11:00~17:00
Budget 1.75파운드부터

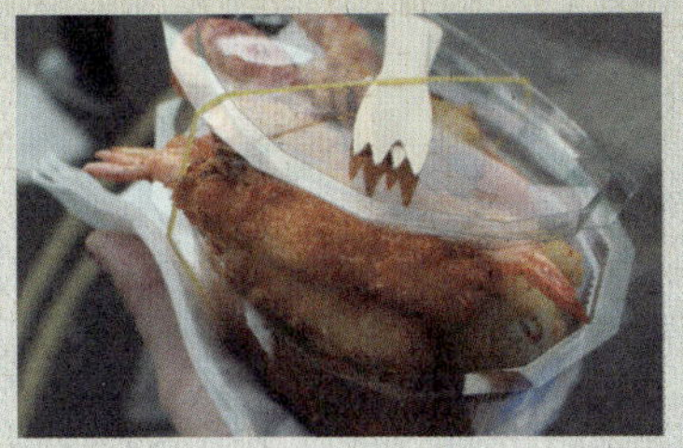

PAELLA
빠에야

스페인을 여행해 본 사람이라면 이미 맛있는 빠에야를 맛봤겠지만 포토벨로 마켓의 빠에야도 꼭 먹어봐야 할 별미다. 두 손으로 감싸기도 힘든 아주 커다란 철판에 각종 해산물과 쌀을 넣고 볶은, 김이 펄펄나는 빠에야! 먹음직스러운데다 양도 아주 많다. 새우, 게살 등 다양한 해산물 튀김을 믹스해서 파는데 한국인 입맛에 맞아 추천한다. 마요네즈, 케찹, 스파이시 소스 등 다양한 맛의 소스가 준비되어 있기 때문에 취향에 맞게 골라 먹을 수 있다. 개인적으로 마요네즈와 스파이시 소스가 맛있다.

Budget 4.50파운드

FIRST FLOOR
퍼스트 플로어

아무리 맛이 있다고 해도 길거리 음식을 먹기에 지쳐버린 사람이라면 이 레스토랑 '퍼스트 플로어'를 추천한다. 노팅힐 로드 한가운데 자리 잡고 있는 이곳은 1층은 간편하게 먹을 수 있는 바, 2층은 조금 더 고급스러운 분위기를 느낄 수 있는 레스토랑으로 운영하고 있다. 꼭

대기 층에는 프라이빗룸도 있다는 사실. 브런치를 이곳에서 즐기려는 런더너들로 주말은 정신없이 북적이는데 다양한 브런치 메뉴와 칵테일, 커피 등의 음료를 함께 맛볼 수 있다. 초저녁부터는 디제이가 등장해 신나는 라운지 음악도 즐길 수 있다. 윗층으로 올라가면 고딕 양식과 바로크 양식이 만난 세련되고 고급스러운 인테리어가 펼쳐지는데 이곳은 다양한 파티가 열리는 곳이기도 하다. 멋진 만큼 가격도 비싸지만 1층은 7파운드에서 20파운드면 한 끼를 배부르게 해결 할 수 있다. Dexter Beef Burger(12파운드 정도)나 Egg Bendict(9파운드 정도), Full English Breakfast (10파운드 정도)가 무난하고 실패할 확률이 없는 추천 메뉴. 그 외 디저트류(파이, 타르트 등)는 6.50파운드 정도. 모든 메뉴에 10프로의 세금이 부가된다. 버거의 두툼한 패티와 짭쪼름한 감자튀김이 정말 맛있다. 홈페이지에 메뉴와 각종 이벤트가 안내되어 있으니 가기 전에 미리 참고 할 것.

Address 186 Portobello Road, London, W11 1LA
Site http://www.firstfloorportobello.co.uk
Open Lunch 12:00~16:00
     Dinner 18:30~23:00

CAMDEN
PASSAGE
N.1

캠든 패시지 마켓

처음 런던 튜브 맵을 보았을 때 한눈에 들어온 엔젤 역^{Angel}에는 사랑스러운 캠든 패시지 마켓이 있다. 이름도 예쁜 이곳에 이렇게 사랑스러운 마켓이 자리 잡고 있을 거라고는 상상도 못했다. 역 이름 때문에 이곳은 엔젤 마켓이라고도 불린다.

40년 전통의 캠든 패시지 마켓은 오로지 앤티크만을 취급한다. 이름이 비슷한 캠든록 마켓과는 정반대의 성격을 가지고 있는데, 캠든록 마켓에 비해 훨씬 작은 규모이며 차분한 분위기가 감도는 곳이다. 센스쟁이 런더너들의 발길이 끊이지 않는 이곳은 아직까지 많이 알려지지 않아 관광객들보다 런더너들이 많다. 또 전 세계에서 앤티크 전문 바이어들이 값지고 특별한

CAMDEN
PASSAGE
MARKET
PARFILED ST
UPPER STREET
ANGEL
DUNCAN ST
ISLINGTON HIGH ST
DUNCAN TER
CHARLTON PL
CAMDEN PAS
ESSEX RD
ROOKE ROW
Grannie's Goodies
(Dolls & Bears)
The Breakfast Club
camden passage
ANNIE'S
VINTAGE COSTUME AND TEXTILES
Berners Rd
LONDON BOROUGH OF ISLINGTON
CAMDEN
PASSAGE N.1
Charlton Pl
passage
Camden
BYRON
Pierrepoint
Arcade
Upper St
Islington High St
Colebrooke Row
Duncan St
Caffè Mobile
Duncan Terrace
Liverpool Rd
UNDERGROUND
Angel
Islington High St

것들을 얻기 위해 즐겨 찾는 곳이다. 조용하고 한적한 분위기에서 쇼핑을 즐기고 싶은 이들에게 추천하고 싶은 이곳은 앤티크 가구와 각종 소품, 빈티지 의류가 주를 이루고 셀러의 대부분은 할아버지와 할머니다. 하나하나 사연과 의미를 가지고 있는 진정한 앤티크를 만날 수 있으며 물건을 파는 할아버지, 할머니들이 물건에 담겨있는 본인들의 사연을 소소하게 들려주기도 한다. 작고 좁은 골목골목 사이로 마켓이 열리는 날이면, 평일엔 평범하기 그지없던 주택가와 엔젤 역도 아침부터 꽤나 붐빈다. 앤티크 가게와 어울리는 빈티지스럽고 예쁜 노천 카페도 줄을 지어 있으니 브런치는 여유롭게 이곳에서 해결하며 잠시나마 런더너가 된 느낌을 가져보자. 여행의 묘미는 이방인이 아닌 것처럼 여행지에 녹아있는 내 모습이 아닐까?

매주 수요일과 토요일 아침 10시부터 오후 4시까지 열린다. 엔젤 역에 하차하면 출구 쪽에 화살표 표시와 함께 'CAMDEN PASSAGE MARKET'이라 적혀있는 안내판이 있다. 그 방향으로 5분가량 걸으면 작은 가게들이 보이기 시작하고 그곳이 마켓의 시작이다.

| Site | www.camdenpassageislington.co.uk |
| Open | Wed, Sat 10:00~18:00 |

↑ Camden Passage
Antiques Market

엔젤 역에서 걸어 나와 마켓 출구 쪽마켓 안내 표지판이 출구에 붙어 있다으로 쭉 직진해서 걷다보면 시작되는 캠든 패시지 마켓. 가는 길에 이탈리아 국기를 연상시키는 미니트럭에서 따뜻한 아메리카노를 한잔 하며 구경을 시작했다. 이탈리아 커피가 유명해서인지 아님 아저씨의 고향이 이탈리아인지 모르지만 밀라노에서 건너온 나는 단번에 친밀감을 느껴 예정에 없던 커피 한잔을 하게 되었다.

오른쪽에 여러가지 볼만한 가게들이 줄을 지어 서있는데, 이중 꼭 들어 가봐야 할 빈티지 숍 'BLACKBIRDS'. 이곳은 곱게 차려입은 은발의 할머니가 운영하고 있다. 아기자기하고 특이한 쇼윈도가 눈길을 끄는 이곳은, 몇 사람밖에 입장이 불가능할 정도로 엄청난 양의 빈티지 의류와 소품들로 가득 차있다. 벌써 20년째 가게를 운영하고 있다는 할머니의 말을 피부로 느낄 수 있었다. 세월의 흔적을 고스란히 안고 있는 내부를 감상하다 보니 할머니의 취향까지도 알 수 있을 것 같다. 처음에 들어가 사진을 찍어도 되냐고 물었을 때 사진을 찍는 것은 괜찮지만 불쌍한 아이들을 돕는 기부금에 단돈 몇 펜스라도 기부를 해주면 좋겠다는 답변을 들었다. 근데 주머니를 뒤져보니 어찌된 일인지 동전이 단 일펜스도 없는 것이었다. 어쩔 수 없이 한국에서 빈티지 마켓에 관련된 책을 출간하기 위해 취재차 방문했고 가게가 너무 예뻐서 꼭 담았으면 좋겠다고 자초지종을 설명했다. 그랬더니 반가워하며 명함을 건네고선 한국인 고객뿐만 아니라 이탈리아 고객들내가 밀라노에 살고 있으니 명함 주소가 이탈리아였다도 있다고 하며 편안하게 사진을 찍도록 배려해 주었다.

캠든 패시지 마켓

brooches all this part
£8 each
2 for £15

그리고는 원래 이야기를 나누고 있던 부부 손님과의 대화로 돌아갔는데, 한국에선 노부부가 서로 같이 쇼핑을 하며 함께 30여분 넘게 한 가게 안에서 머무른다는 건 보기 힘든 광경이라 눈길이 갔다. 1950년대 작은 비즈 클러치 하나약 40파운드를 사는데도 30여분을 넘게 고민하며 주인이 추천해주는 다른 클러치를 들어보기도 하고, 그것에 담긴 사연도 듣고 신나게 대화하는 세분의 모습이 놀라웠다. 부부는 가격에 구애받지 않고 좀 더 본인에게 의미 있는 빈티지 제품을 고르고 싶어했다. 그렇게 비즈 클러치를 구입하고 부부가 나간 뒤에야 본격적으로 할머니와 얘기할 수 있는 기회가 생겼다.

주인 할머니는 제일 좋아하는 년도가 1930~40년대라고 한다. 그동안 모아온 빈티지 일러스트에도 그 시절 유행했던 플레어 롱스커트가 그려져 있다. 숍 안에 있는 앤티크 조명들도 모두 판매하는 제품. 의류뿐만 아니라 서적, 인테리어 소품들도 함께

캠든 패시지 마켓

취급하는데, 숍 안의 모든 소품들의 관리를 직접 하기 때문에 퀄리티가 뛰어
나다.

　　중간중간 유명한 브랜드들의 제품이 보이기도 한다. 블랙&화이트 스
트라이프 실크 블라우스는 샤넬 로고가 박힌 옷걸이에 걸려있었지만 디올
제품. 본인이 너무 좋아하고 아끼는 블라우스라고 한다. 앤티크 브로치는 가
격도 비싸지도 않고 유니크한 제품들이 많아 고객들이 부담 없이 찾는 편이
다. 물건이 오히려 너무 많으니까 고르기 힘들 수도 있지만 주인 할머니가
추천도 해주고 예산에 맞춰서 다른 물건들도 보여주니까 망설이지 말고 물
어보자. 나도 브로치 하나를 고르다 가격을 물었는데 보석 하나 박혀있지 않
은 소박한 겉모습과 달리 비싼 가격에 놀랐다. 흥정을 해보았지만 한 치의
양보를 하지 않는 할머니. 본인이 어렸을 때 쓰던 귀한 물건이라는 이유로
절대 안 된다고 하는 단호함에 살짝 기가 꺾였다. 동시에 작은 소품 하나하
나에도 의미와 열정을 두는 할머니가 대단해 보였다.

블랙버드에서 나와 걷다 보면 골목이 좁아지며 오른쪽 편 초록색 벽에 'ANTIQUE MARKET'이라는 오래된 간판이 나오는데, 이곳에서는 많은 사람들이 노점을 꾸리고 판다. 대부분이 아니라 모든 노점 주인이 할아버지, 할머니다. 그만큼 더 믿음이 간다고 해야 할까? 오랜 세월 모아온 컬렉션들을 더울 때나 추울 때나 손님이 많을 때나, 없을 때나 한결 같이 한보따리 가득 싸서 나오는 모습을 보면 정말 진정으로 앤티크를 사랑하는 사람들이구나 하는 생각이 든다.

안쪽 골목 깊은 곳에 자리 잡은 가게들피에르 아케이드도 열었다는 표시를 하기 위해 화살표와 가게 이름, 취급품목이 적힌 간판을 옹기종기 모아두었다. 모퉁이에 자리 잡고 있는 할아버지는 목판 도장, 은식기, 유리제품, 목걸이와 귀걸이 같은 빈티지 액세서리들을 판매한다. 예쁘게 디스플레이되어 있거나 가지런하게 정렬된 것들보다, 벽에다 박스를 세워두고 그 위에 랜덤하게 올려놓은 5파운드짜리 아이템들에게 관심이 갔다. 이곳이야 말로 진정한 보물찾기! 포토벨로에서 팔던 더블데커 미니어처도 이곳에선 누군가의 손을 거쳤다는 이유로 반보다 싼 가격에 판매한다. 게다가 사용감이 있으니 더욱 빈티지스럽기까지! 이런 곳에서 숨겨진 보물을 득템하면 그 기쁨은 배가 된다.

커피 한잔씩 손에 들고 손님을 맞이하는 여유로운 주인 아저씨에게 사진을 찍어도 되냐고 묻자, '우리를?'이라고 되물으며 갑자기 포즈를 취했다. 본인들을 찍는 줄 알았나보다. 나도 재밌어서 사진을 찍으며 이래저래 얘기를 나누게 됐는데, 포토그래퍼로 일했다던 한 분은 내 카메라에 매우 관심을 보였다. 젊었을 적 사진을 찍으러 한국에 방문한 적이 있다고 하는데, 한국뿐만 아니라 베트남, 필리핀, 홍콩 등 다양한 아시아 국가를 돌아다니며 사진을 찍었고 내가 지금 살고 있는 밀라노 또한 20년 전에 온 적이 있다고 한다. 마켓을 돌아다니다 보면 내 DSLR에 관심을 보이는 사람도 많더라.

이렇게 사람 사는 얘기를 주고받으며 구경하는 재미가 아주 색다르다. 이것이 길거리에 넘치는 평범한 숍에서는 경험할 수 없는, 빈티지 마켓만이 주는 특별한 선물이 아닐까? 물건을 사지 않은 나에게도 이렇게 친절하고, 상대방까지 기분이 좋아지는 웃음을 지어주니 정겹고 친근한 마켓 분위기에 또 한번 반했다. 사실 다른 규모가 큰 마켓들은 수백 번, 수천 번 그

캠든 패시지 마켓

저 가격만 물어보고 사지 않는 사람들이 스쳐 지나가고, 소중한 컬렉션을 동의 없이 사진만 낼름 찍고 가버리는 관광객들에 치이기 때문에 신경을 날카롭게 곤두세운 오너들이 많은 편이었는데, 이곳 캠든 패시지 마켓은 상대적으로 더 정감 있고 따뜻한 분위기였다.

작은 공터 옆에는 고작 두세 평 남짓 되는 작은 가게들이 두 팔을 뻗으면 닿을 것만 같은 거리에 옹기종기 붙어있다. 이곳이 바로 피에르 아케이드! 좁고 가느다란 골목에 낡은 가게들이 줄을 지어 서있는 것이 마치 다른 시대에 와 있는 듯한 느낌을 준다. 그중 입구에 자리 잡고 있는 가게는 노랑, 파랑, 초록의 예쁜 색감들이 조화를 이루는 간판을 단 'NUMBER ONE'. 이곳에는 한평생 접시, 그릇을 전문적으로 모아온 콜렉터 캐롤라인 할머니가 있다. 가게 내부에는 영국뿐만 아니라 프랑스, 독일의 그릇들이 탑처럼 쌓여있다. 내가 제일 마음에 들었던 건

캠든 패시지 마켓

CHARLTON
PLACE. N1
WORSSOP
ANTIQUES
annies
antique
clothes

나뭇잎 모양의 꽤나 깊숙한 손바닥만한 그릇. 평소에 손님이 집에 오면 밀라노 집 1층에 있는 빵집에서 갓 구운 바게트 혹은 치아바따를 사가지고, 올리브유에 발사믹 식초를 믹스한 소스와 함께 대접하곤 하는데 그 소스를 담을 그릇으로 제격이었다. 조금은 지저분했지만 깨끗이 닦고 나니 새것이 된 것처럼 반지르르 해져 있었다.

가게 맞은 편엔 몇 십 년 전의 캠든 패시지 마켓을 담은 대형 흑백 사진이 걸려 있고 그 앞에 물건을 진열해 두었다. 마치 과거를 그대로 옮겨온 듯 변함없는 모습이었다. 다만 앤티크를 사랑하는 사람들로 가득 차 더욱 매력적인 동네로 변했을 뿐. 할아버지 한 분이 내가 취재하는 동안 움직이지도 않고 한 곳에서 접시를 고르고 있었다. 동그란 그릇 하나를 들고 이런 디자인으로 각진 사각형 모양이 없냐고 오너에게 묻는데, 아내의 심부름을 하러 온 건지 알 수는 없지만 꼼꼼한 그 모습에 괜히 웃음이 나왔다.

캠든 패시지 마켓

　　흥미로운 쇼윈도 디스플레이를 보여준 가게가 있어, 정신없이 셔터를 눌렀다. 이곳은 패션 소품과 액세서리를 전문으로 파는 곳으로 노부부가 운영하고 있다. 주얼리, 모자, 핸드백주로 토트백과 옷을 전문으로 한다. 빅토리아 시대의 주얼리부터 무릎을 살짝 덮는 기장의 50~60년대 플레어 스커트 등 굉장히 특이한 것들이 많아 사진 찍으며 이곳을 취재하고 있을 때, 한 단골 손님이 찾아왔다. 매번 올 때마다 플레어 스커트를 하나씩 사가서 지금까지 모은 것만 20개가 넘는다는 단골 손님! 서로 반가운 인사를 나누더니 주인 아주머니가 특별한 말없이 알아서 구석에 쌓여있던 치마를 모두 꺼내어 보여주는데, 요즘은 일부러 디자인 하려 해도 느낌을 내기 힘들 것 같은 빈티지 프린팅이 가득한 러블리한 것들이었다.

열심히 취재를 하고 있는데 '찰칵' 소리가 들려 고개를 돌려보니 주
인아저씨가 글쎄 나를 찍고 계셨다. 동양인이 아직까지 많이 찾지 않는 곳이
라 신기했나, 아님 기념으로 남기고 싶었나…… 사실 입장 바꿔 생각해보면
우리가 어디 여행가서 그 나라 사람들이 무언가를 하는 모습을 사진으로 남
기는 것과 같은 것이 아닐까 싶기도 하고. 여튼 사진을 다 찍고 나오는 순간
까지 친절한 아저씨가 하나 먹으라며 건네준 사탕을 입에 물고 나오며 가볍
게 발걸음을 옮겼다.

아케이드의 모퉁이에 위치한 핫핑크 색상의 가게를 보자마자 당장
구경에 돌입했다. 가게 안에 들어서는 순간 낯익은 아주머니가 있었는데, 둘
다 서로를 쳐다보며 머뭇거렸다. 어디서 본 것 같은데 당최 기억이 안 나는
것이었다. 그러다 아주머니가 먼저 나에게 "나 너를 본적이 있는 것 같아. 널

캠든 패시지 마켓

기억해!"라고 물었고 나 역시 "저도 그런 것 같아요. 우리 어디서 봤죠?"라고 되물었다. 빈티지 마켓과 숍을 수십 번 오가니 사실 누굴 어디서 만났는지 같은 건 잊어버리거나 애매모호할 때가 많았다. 알고보니 바로 캠든 패시지 마켓 제일 입구에 자리 잡은 앞에서 언급했던 'BLACKBIRDS'의 숍 오너였다! 깜짝 놀라 왜 여기 있냐고, 가게가 두 개인 건지 아님 옮긴 건지 다짜고짜 흥분해 물었더니, 이곳은 자신의 일본인 친구 TEDD의 가게인데 그가 일이 생겨 일본으로 돌아간 사이에 가게를 봐주고 있다는 것이었다. 어쩐지 이번에 블랙버드에 갔을 때 가게에 아주머니가 아닌 젊은 여자가 있어 주인이 바뀌었나? 하고 속으로 혼자 생각하다 구경만 하고 나왔었는데 딸이란다. 나의 프로젝트를 기억하고 있던 아주머니는 "KEEP GOING"을 반복하며 내가 사진 찍는 것마다 친절하게 옆에서 하나하나 설명해 주었다. 정말이지 이렇게 인연을 하나씩 만들어 가는 느낌이 난 너무 좋다.

캠든 패시지 마켓

이곳은 아주머니의 가게와는 완연히 다른, 더 작은 규모의 숍으로 오른쪽에는 빈티지 시계, 만년필, 라이터 같은 남자들특히나 할아버지들이 관심을 제일 많이 갖는다고을 위한 것들이 전시되어 있고, 반대편에는 빅토리아 시대의 주얼리브로치를 비롯한 목걸이, 귀걸이 등, 빈티지 웨딩을 준비하는 신부들을 위한 것들이 모여 있다. 콜렉터, 남자들이 열광하는 1918년대의 오메가OMEGA나 론진스LOMGINES, 롤렉스ROLEX같은 유명한 고가 브랜드의 손목시계부터, 영국 신사들 양복 안주머니에서 나올 것만 같은 회중시계따로 줄도 판매, 실제 군대에서 쓰였던 밀리터리 시계까지 정말 다양한 종류들이 잘 보관되어 있다. 시계 같은 경우 100파운드의 개런티를 내면 6달 동안 A/S가 무료라고 한다. 사실 빈티지 시계는 구입한 후 고장이 날 경우가 두려워 구매가 꺼려지는데 이런 것들을 센스 있게 보완해주는 배려가 빈티지 강국으로 거듭나는 밑거름이 되어준 것이 아닐까.

여기서 들었던 설명 중 이목을 끌었던 것은 바로 '빈티지 웨딩'에 관한 것. 사실 빈티지와 웨딩이라는 단어의 조합도 생소하기는 하다. 벽 한쪽을 가득 채우고 있는 수백 가지의 빈티지 브로치는 결혼을 앞둔 예비 신부들이 즐겨 찾는다고. 들러리 친구들을 위해 4~5개씩 비슷한 색상, 디자인으로 구입을 해간다고 한다. 그리고 또 하나 인상 깊었던 것은 상자에 고스란히 담겨있는 빈티지 반지! 그냥 평범한 반지가 아닌 '약혼반지'라고 하는데 무조건 새 것과 비싼 것을 고집하고 선호하는 요즘, 낡고 오래된 반지300~500파운드를 끼고 약혼식을 올린다는 사실에 놀라움을 감출 수가 없었다. 영국의

전통적인 결혼식에는 신부가 지녀야 할 4가지 물건
이 있는데 새로운 것 ^{something new}, 오래된 것 ^{something old},
빌린 것 ^{something borrowed}, 파란 것 ^{something blue}이다. 이
중 빈티지 반지는 old에 해당하는 것. 그렇기 때
문에 엄마나 할머니가 간직해온 반지를 물려받아 착용하기도 한다
고. 듣기만해도 너무 로맨틱하고 감동적인 전통 아닌가? 가게 밖에는 하얀
벽돌 벽에 옷가지 몇 개가 걸려있고, 그 앞에는 표지가 예뻐서 한눈에 들어
오는 각종 서적과 상자에 고이 담긴 빈티지 사진들이 늘어져 있다. 그냥 평
범한 일반인 사진인 줄 알았는데 빅토리아 시대의 사진들이고, 한 귀퉁이에
는 그 사진을 찍은 포토그래퍼와 찍은 장소 영국의 각 도시들가 섬세하게 적혀있
다. 가격도 고작 1~2파운드 정도라 의외로 많은 사람들이 구입한다고 한다.

모퉁이에 자리 잡은 블랙 간판의 'ANNIE'S'는
이미 전 세계 여러 나라의 가이드북에도 실렸을 만
큼 유명한 곳이다. 수십 가지의 다양한 디자인과 컬
러의 레이스는 아이보리 한 가지 색만 해도 몇 가지
톤으로 나누어져 있을 정도로 다양한 구성을 구비
하고 있다. 특징적인 것은 마치 19세기 영국 신사들
이 썼을 법한 340년 전통의 '락앤코 ^{LOCK&CO.}' 모자들! 1676년에 설립된 전통
있는 이 브랜드는 오로지 모자만 취급하는데, 이번 로열 웨딩 때에도 많은
귀족과 왕가 사람들이 이곳에서 모자를 맞추었다고 한다. 각종 빈티지 패브

캠든 패시지 마켓

릭과 트리밍 또한 세상에 몇 개 없는 유니크한 아이템들. 여성스러운 스타일을 좋아하는 친구들에게 적극 추천한다.

이곳 맞은편 작은 공터에 알록달록 플래그 장식을 걸어놓은 곳에는 할아버지, 할머니들이 물건을 가지고 와 판매하는데, 구석에서 만난 한 할아버지는 다양한 시계와 액세서리, 안경, 와인 오프너 등 종류를 나눌 수도 없는 다양한 아이템들을 가지고 나왔다. 조금 더 가격이 저렴한 망치, 드라이버, 자물쇠 같은 생필품들은 바닥에 진열되어있다. 내 눈에는 비슷비슷해 보이는 시계들도 가격은 천차만별이다. 똑같은 금색 같은데 하나는 5파운드고 하나는 35파운드란다. 뒤쪽에는 아주머니가 다양한 은식기와 찻잔 세트부터 파랑색 플라스틱 장바구니까지 판매하고 있다. 벽돌 벽 앞의 센스 있는 디스플레이! 특히나 이곳 노점들은 가격대가 저렴해서 득템하기 쉬운 곳이다. 하지만 여행객들에겐 무거운 짐이 되어 쉽게 깨어질 법한 찻잔, 접시 같은 제품들이 많아 갈 때마다 매번 많이 들고 올 수 없다는 것이 참 아쉽다. 빨간 테이블보 위에 레이스로 만든 컵받침들과 빈티지 단추들이 깨끗하게 잘 보관되어 팔리고 있다.

　　골목골목 다양한 노점상들과 가게들을 지나면 펍이 보인다. 마켓 구경에 지쳐 잠시 휴식을 취하며 배를 채우려 모인 런더너들의 손에는 마켓에서 건진 아이템을 담은 비닐봉투가 하나씩 들려있다. 이곳에서 그들은 맥주와 함께 간단한 버거나 칩을 시켜 먹는다. 낮에도 맥주를 즐겨 마시는 영국사람들의 문화에 이쯤 되면 적응이 될 만도 하다. 나도 괜히 양손 가득 비닐봉투를 들고 야외 테이블에 앉아 맥주 half 사이즈를 시켰다. 부담스럽지 않은 양과 가격 덕분에 내 마음은 이미 런더너가 되어있었다. 내 옆 테이블에 있던 또래 친구들은 서로 쇼핑한 걸 보여주면서 스카프를 착용해 보기도 하고 예쁘다고, 잘 샀다고 칭찬도 해가며 즐겁게 수다를 떨고 있었다.

해가 지기 전 얼른 마저 돌아보기 위해 일어섰다. 노점에서는 비교
적 저렴한 가격의 빈티지 옷을 팔고 있었다. 기장도 길고 사이즈도 큰 옷들
이 대부분이지만 한국에 가면 단돈 몇 천원에 수선이 가능하다. 이런 노점들
은 가격이 싸기 때문에 맘에 드는 드레스를 봤을 때는 과감하게 지르는 편!

헐값에 팔기 때문에 흥정이 어려운 건 사실이다. 빈티지 트렁크에 가득 담겨 뒤엉켜 있는 형형색색의 스카프는 단돈 2파운드 정도. 특히나 주인 언니가 도트무늬를 좋아해 도트무늬 드레스, 블라우스, 셔츠 등 다양한 디자인과 컬러를 만나볼 수 있었다.

캠든 패시지 마켓

펍 맞은편에서 만날 수 있는 다양한 소품 중 내 눈에 띈 것은 빈티지 브로치와 향수병! 브로치가 많이 보편화되지 않은 한국에선 볼 수 없었던 수십 가지의 다양한 브로치를 볼 수 있다. 직접 손으로 그려 넣은 일러스트가 담긴 브로치도 있는가 하면 보석이 하나 빠져있는 브로치, 원석을 이용한 브로치, 꽃잎 모양의 브로치들이 가득하다. 한 좌판에 있는 아이템만 몇 백 개에 달하니 내 취향을 찾다가는 눈이 빠질 지경. 그치만 괜찮은 가격이라 꼭 하나 건져야겠다는 생각이 들어 이래저래 옷에도 대보고 스카프에도 대보며 초록색 네잎클로버 모양 브로치 하나를 골랐다. 입고 있던 회색 재킷 칼라에 달았더니 클래식했던 재킷이 브로치 하나만으로 빈티지 재킷으로 변해버렸다. 그 옆에 나란히 세워져있던 앤티크 향수병들은 화장대에 올려놓기만 해도 빈티지함이 물씬 풍길 것 같다. 하지만 향수가 들어있지도 않은 향수 공병의 가격이 새 향수를 하나 살 수 있는 정도인 것이 대부분인지라 부담스러웠다.

　　낡고 변색된 발레리나 옷을 입고 있던, 내 키보다 큰 먼지 쌓인 곰 인형이 세워져 있는 이곳은 'DOLL HOSPITAL'! 마켓이 열리는 날이면 숍 앞에도 가판을 펼쳐놓고 다양한 인형, 인형 옷, 인형 집 등 상대적으로 저렴한 것들을 내다 판다. 행거에 걸려있는 인형 옷들은 1930~40년대 제품들로 하나하나 비닐에 쌓여 있는데, 인형 옷이라는 것이 믿어지지 않을 만큼 정교했다. 그저 작고 평범한 인형가게로 보이지만 사실은 런던의 '아티스트&빈티지 인형 페어'에 참가할 정도로 꽤나 유명한 곳이다. 수백 가지의 테디베어뿐만 아니라 1800년대의 프랑스제 인형들, 무너질 것만 같은 인형의 집, 미니 화장대 등 인형에 관련된 것은 다 모아둔 곳이다. 오래된 물건 특유의 묵은 냄새조차 나에겐 추억의 향수처럼 황홀하다. 빈티지의 매력에 빠져 코까지 어떻게 된 게 아닌지…… 인형을 좋아하는 사람들은 꼭 들러야 하며 그렇지 않은 사람들도 눈이 즐거워지는 숍이니 구경하자.

캠든 패시지 마켓

MILKY WAY

밀키웨이

캠든 패시지 한가운데 위치한 민트색 건물의 이곳은 티, 커피 등 다양한 음료와 디저트를 파는 카페. 주인 아주머니가 직접 구운 컵케이크, 브라우니, 스콘부터 한 사발 가득 담은 커피까

지. 빨강색 소품으로 꾸며놓은 까페는 민트색 벽과 대비되어 마치 70~80년대를 떠올리게 한다. 그야말로 진정한 빈티지 카페. 주인이 직접 고르고 모아놓은 아기자기한 소품들에 정신이 팔려 한참을 사진을 찍었다. 영국 사람들에겐 흔하디 흔한 이런 예쁜 소품들로 가득 찬 카페가 우리에겐 조금은 낯설다. 요즘 한국도 예쁜 카페들이 많이 생겨나고 있는데 정말 주인의 오래된 컬렉션에서부터 우려져 나온 정성이 담긴 곳은 찾기 힘든 거 같다. 금발에 앞머리를 말아 올린 뱅 포니테일에 빨간 귀걸이, 크리스마스 트리가 수놓아진 빨간 앞치마를 두르고 있는 아주머니에게서 이미 남다른 센스를 느낄 수 있다. 가게의 벽 컬러와 매치를 잘 이루고 있는 가게 한 편에 마련된 민트색 주크박스와 옛 런던을 보여주는 흑백 티비(몇 십 년 전 트라팔가 광장을 지나가는 루트마스터가 나오는) 등 어느 하나 빠짐없이 고전적이고 빈티지스러운 초이스. 고작 열두어 명이 앉을 수 있는 작은 공간이지만(야외에도 따로 2~3테이블 정도 마련되어 있음) 꼭 가볼만한 곳. 달콤한 여유를 즐기고 싶다면 이곳으로 가보자.

ENGLISH BREAKFAST

잉글리쉬 브랙퍼스트

오전에 마켓을 즐기고 늦은 점심을 하기에 좋다. 마켓 한가운데 자리 잡고 있는 이곳은 모던과 앤티크가 조화를 이룬 분위기도 좋고, 날씨가 좋으면 야외 테이블에 앉을 수도 있어 좋다. 하늘색 체크 테이블보 위 빨간 하인즈 케찹병이 조화를 이루는 빈티지한 테이블에 앉아 한번쯤은 여유를 보려보는 것도 나쁘지 않다. 풀 잉글리시 브랙퍼스트는 7.50파운드. 싼 편은 아니지만 왠만한 동네 카페가 아니고서는 이정도 가격이 대부분이다. 프렌치토스트 등의 다른 식사 메뉴도 준비되어 있다. 이곳에서는 그 유명한 코벤트 가든 MONMOUTH ST. 의 MONMOUTH 커피 원두를 받아 서브하기 때문에 커피 한 잔 정도는 즐기길 추천한다.

THE BREAKFAST CLUB

더 브랙퍼스트 클럽

영국에 왔다면 반드시 먹어봐야 할 전통적인 아침식사 잉글리시 브랙퍼스트는 이곳에서 먹자. 체인점인 이곳은 런던의 힙플레이스(브릭레인, 소호 등) 곳곳에 자리 잡고 있다. 점심 때 즈음엔 줄을 서서 기다려야 할 만큼 젊은이들 사이에서 인기가 많은 곳. 노란색 건물에 계단으로 올라가야지 입장이 가능한 구조로 한눈에 튄다. 입구에 들어서면 가장 먼저 반기는 오렌지색 smeg 냉장고는 이곳의 아기자기한 소품들이랑 조화를 잘 이룬다. 그밖에도 구경거리가 넘쳐나는 이곳(자질구레한게 딱 내 스타일이다). 팬케이크나 브리또 브런치 메뉴도 추천하며 그냥 '오늘의 수프'만 먹어도 눈치 볼 필요가 없는 곳이다.

ROKIT
VINTAGE
ROKIT
london
vintage
shop

ONE OF A KIND

포토벨로 한가운데 자리 잡고 있는 빈티지숍 '원 오브 어 카인드'. 벨을 눌러야지만 들어갈 수 있어 조금은 베일에 싸여있는 이곳은 케이트 모스 등 많은 유명인들이 즐겨찾는 곳이다. 입구의 문 한쪽에는 유명인과 함께 찍은 사진들이 가득 차 있다. 포토벨로 마켓에선 고가 브랜드의 빈티지 제품들을 찾아보기 힘든데 이곳에서 만큼은 빈티지 샤넬 트위드 재킷과 수십 가지의 가방 등 많은 종류를 만나볼 수 있다. 부담 갖지 말고 당당하게 벨을 눌러서 구경해보자.

Address 259 Portobello Road, Notting Hill W10 LHR
Site www.1kind.co.uk
Open 10:00~18:00

ROKIT

세계적으로 유명한 로킷은 1968년에 캠든에 매장을 처음 오픈했고 코벤트 가든과 브릭 레인에 세 개의 매장을 더 낸 제법 규모 있는 빈티지 숍이다. 리얼 빈티지와 빈티지 스타일을 믹스해 놓은 이곳은 단순한 빈티지에 또 다른 센스를 첨가했다. 로킷에서만 만나볼 수 있는 제품들이 단연 인기 상품. 기본적인 수선과 세탁을 거치기 때문에 특유의 쿰쿰한 냄새나 얼룩, 구멍을 찾아보기 힘든 편으로 빈티지를 처음 접하는 이들이 쉽고 부담 없이 입을 수 있다. 다른 숍들에 비해 가장 정리가 잘되어 있고 상태가 좋은 것들이 많아 방대한 창고 형 숍들에 비해 상대적으로 가격이 비싸다. 그치만 실패할 확률이 적어 빈티지 초보에게 추천하는 곳. 자체 제작 상품도 많다.

Address 101 Brick Lane, London, E1 6SE
Site www.rokit.co.uk
Open Mon–Fri 11:00~19:00
        Sat–Sun 10:00~19:00

BEYOND RETRO

브릭레인 구역 내 가장 큰 빈티지 숍 '비욘드 레트로'는 창고였던 건물을 개조한 곳으로 빈티지 매니아들 사이에선 꽤나 유명한 곳이다. 뿐만 아니라 세계적인 잇걸 알렉사 청과 아기네스 딘 같은 빈티지 마니아 패셔니스타들의 필수 코스이기도 한 이곳은 15,000가지가 넘는 방대한 양의 빈티지 제품을 보유하고 있다. 매일 500여개의 상품이 업데이트될 정도로 활발하고 가격 또한 저렴해서, 2000년에 오픈해 십년이 막 지난 지금 런던 소호에 이어 스웨덴에도 분점을 두고 있다. 2008년 타임아웃이 선정한 세계 최고의 빈티지 숍이기도 하다. 빈티지를 고르는 안목이 부족한 초보에게는 조금은 힘들 수 있지만 즐겨 입는 이들에겐 값싸고 질 좋은 빈티지를 쉽게 득템할 수 있는 천국과 다름 없는 곳. 드레스는 15~20파운드에, 비즈와 스팽글이 달려 비쌀 것만 같은 블링블링한 옷들도 25~35파운드, 스카프 3파운드 등 가격대가 매우 괜찮은 곳. 직접 제작하는 제품까지 있을 정도로 커지고 있는데 브릭레인점이 가장 규모가 큰 만큼 옷을 고르기가 어려울 정도로 종류가 많다. 들어가면 기본 30분 이상은 구경을 하게 되는데, 구경하는 내내 흘러나오는 음악 셀렉션 또한 좋아 마치 클럽에서 옷을 고르는 느낌. 내가 즐겨 찾는 곳이기도 하다.

Address 110–112 Cheshire St, London, E2 6EJ
Site www.beyondretro.com
Open Mon–Sat 10:00~19:00
      Thu 10:00~20:00
      Sun 11:30~18:00

Urban Renewal section at Urban Outfitters

캐나다, 유럽 등지에 약 160개의 매장을 가지고 있는 미국의 대표적인 편집 숍. 옷뿐만 아니라 다양한 소품, 액세서리, 신발, 책 등을 판매하는데 여기에 매력적인 코너 한 귀퉁이가 있다. 유일하게 런던 매장에서만 만날 수 있는 'Urban Renewal' 섹션은 빈티지를 바잉해 와 얼반 아웃피터스의 세련된 감각으로 리폼해 팔고 있다. 리폼을 하면서 깨끗하게 관리를 해 매우 좋은 상태. 대신 브랜드 값과 리폼 값이 붙어 생각보다 비싼 게 흠. 이곳을 한번 둘러보고 난 후에 빈티지 마켓을 찾아가 비슷한 스타일을 찾는 것도 현명한 방법이다.

Address 200 Oxford Street, London W1D 1NU
Site www.urbanoutfitters.co.uk
Open Mon, Tue, Wed, Fri, Sat 10:00~20:00
 Thu 10:00~21:00
 Sun 12:00~18:00

The Button Queen

제 2차 세계 대전 부터 30~40년대 이전의 빈티지 단추들로 가득 찬 이곳. 본드 스트리트 역 근처에 위치하고 있어서 접근성도 뛰어나고 근처에 패션학교들도 많아 학생들도 오는 편(그래서 골목골목 다른 원단 가게도 많다). 패션쇼부터, 영화 속 의상, 오페라 무대 의상 등의 각종 코스튬 의상 디자이너들이 주로 방문하는 곳. 크기, 색상, 디자인 어느 하나 같은 게 없는 단추로 가득 차 있다. 하나하나 깔끔하고 차분하게 정리가 되어있어 고르기도 편한 게 장점. 쇼윈도에 디스플레이된 단추들은 조금 더 가치 있고 비싼 것들.

Address 76 Marylebone Lane, London, W1U 2PR
Site Thebuttonqueen.co.uk
Open Mon–Fri 10:00~17:00
 Sat 10:00~14:00

Dodo Posters

'Dodo Posters'는 리즈 패로우 아주머니가 1960년대부터 운영해온 곳으로 광고 전문 자료를 가장 먼저 전문적으로 취급해왔다. 여러 TV 쇼와 영상매체에 이미 얼굴을 내비친 적이 많은 아주머니는 나의 취재 요청 쯤은 아무것도 아니라는 듯이 환한 얼굴로 수락해 주었다. 1910~50년대까지의 포스터라는 포스터는 죄다 모아 놓았는데 손바닥 만한 작은 담배 케이스 라벨부터 벽 한 쪽을 가득 채운 대형 포스터까지 다양하다.

Address Stand F071-73, 13-25 Church Street, Marylebone, London NW8 8DT Alfies Antique Market
Site Dodoposter.com
Open Tue–Sat 10:30~17:00

The Girl Can't Help It.

알피 앤티크 마켓에 자리 잡은 빈티지 숍. 1층에 본 매장이 있고 2층에는 미니 아웃렛도 갖추어져 있다. 이미 빈티지 러버들 입에 오르내리는 꽤나 유명한 곳. 이곳에서 판매하는 아이템은 30, 40, 50년대 최상 컨디션의 피스들을 하나하나 직접 고른 컬렉션으로 할리우드 황금시대 제품이 주력 상품이다. 유니크한 미국 제품들이 대부분. 투자할 가치가 있는 퀄리티 높은 빈티지 아이템들을 바잉하는 편이고 그래서 많은 디자이너, 스타일리스트, 영화 관련 멤버, 연극과 음악 관련 사람들 그리고 당연히 빈티지 애호가들이 주 고객. 브리티시 보그에 top 100shops의 위너(그밖에도 BBC Homes&Antiques Megazine, British Antiques Award 등 다양한 곳에서 인정받았다)로 선정될 정도이니 더 이상의 설명은 필요 없을듯 하다.

Address : 13–25 church street, london NW8 8DT
Alfies Antique Market
Site : Thegirlcanthelpit.com
Open : Tue–Sat 10:00~18:00

생투앙 벼룩시장

방브 벼룩시장

빌라주 생 폴 벼룩시장

파리 빈티지 숍

FRANCE

주적주적 내리는 비조차도 분위기 있는 낭만
의 도시 파리! 세느강변에서 조깅을 하는 파리
지엔느들은 조깅을 마치고 동네 빵집에서 갓
구운 바게트를 골라 갈색 종이 봉투에 담고 집
으로 돌아가겠지. 고소한 바케트에 진한 커피
를 곁들이며 신문을 읽는 낭만. 생각만해도 두
근거린다. 하루쯤은 나도 파리지엔느가 되고
싶어 시크하게 무채색으로 차려입고 노천 카
페에 앉아 거품 가득한 카푸치노를 마시기도
했다.

생투앙 벼룩시장

클리닝쿠르 벼룩시장이라고도 불리는 생투앙 마켓! 북부에 자리 잡은 이 마켓에는 3천개의 상점들이 모여 있으며, 이는 파리 3대 벼룩시장 중 제일 큰 규모전 세계에서도 제일 크다고 한다이다. 1880년에 문을 열어 약 130년의 역사를 자랑하는 곳으로 무려 14개의 벼룩시장이 구역별로 나누어져 각각의 이름을 가지고 있다. 베흐나종VERNAISON, 도핀DAUPHINE, 폴 베흐Paul Bert등으로 나누어져 있는데 구역마다 취급하는 제품들이 다양해서 골라 보는 재미가 있다고 해야할까.

파리의 다른 마켓들에 비해 사이사이 작은 카페와 바들도 많아서 끼니를 때우기도 편하다. 워낙 규모가 크다보니 일부분을 둘러 봤음에도 충분

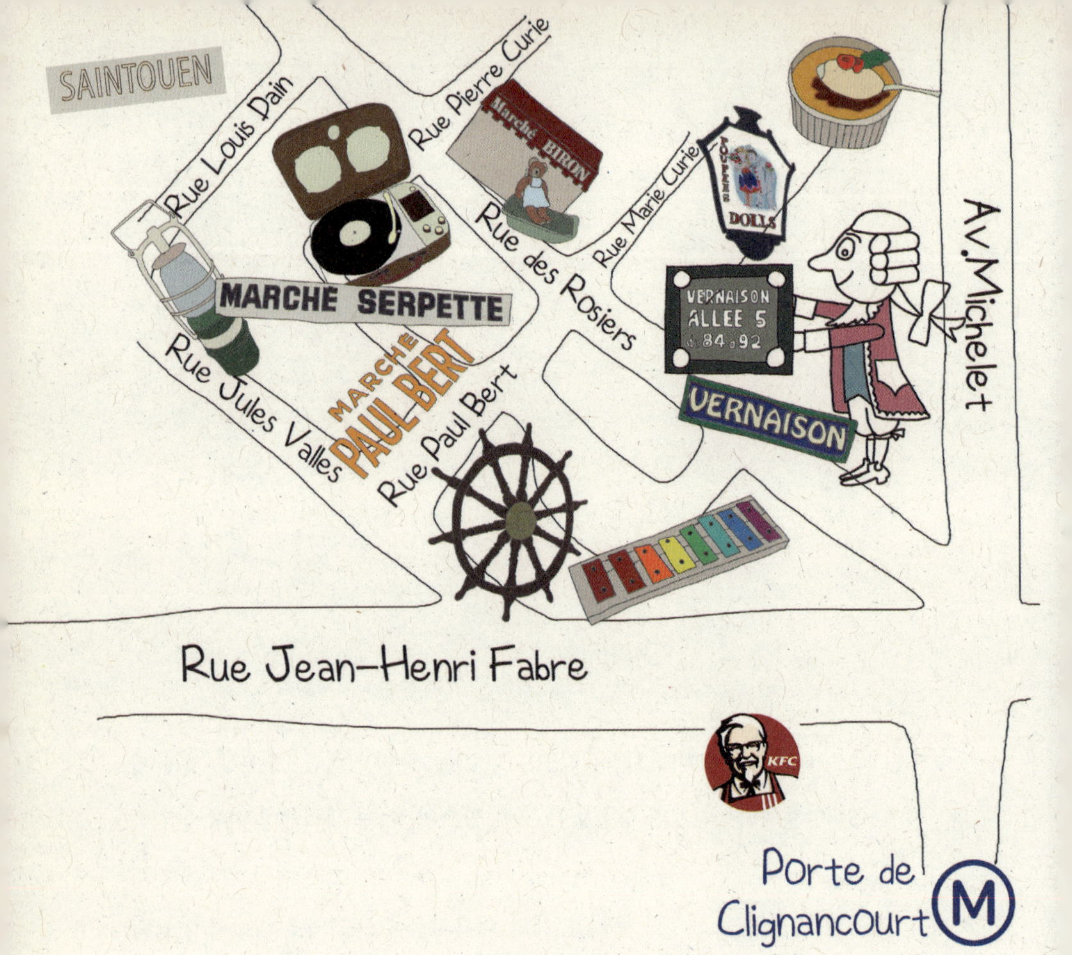

히 구경한 기분이 들고 다리가 아플 정도다. 갈 때마다 매번 새로운 숍들을 만났다면 그 규모를 짐작할 수 있겠지?

여행 정보 서적에 흔하게 나와 있는 몽테뉴 거리일명 명품 거리가 부담스럽고 그저 화려한 구경거리에 지나지 않는다면, 생투앙 벼룩시장은 마치 파리지엔느가 된 것 같이 그들이 살아온 삶을 함께 공유하고 숨 쉴 수 있는 편안하고 아늑한 곳이다. 16세기에서 19세기에 이르는 물건들을 직접 접할 수 있는 좋은 기회여서 파리 패션디자이너들부터 디자인을 공부하는 학생들까지 많이 방문한다. 아무래도 직접 보면 'history of fashion' 같은 과목을 이해하기도 쉬워지기 때문이 아닐까. 나도 학교 다닐 적에 책에서만 보던 입생로랑의 몬드리안 드레스를 실제로 빈티지 부티크에서 보고는 입이 떡 벌어졌다.

하지만 다른 나라와 다르게 유난히 프랑스 마켓의 주인들은 영어가 안 통하는 사람들이 많은 편. 영어로 물어도 불어로 대답해 당황스럽기도 한다. 나 같은 경우엔 이태리어로 말을 해버리니 영어보다 더 잘 알아듣더라.

상점마다 문을 열고 닫는 시간이 제각각이고 3일 중 이틀만 여는 곳도 많아 일요일 낮이 제일 구경하기 좋은 때. 9시부터 열리지만 10시가 지나서야 상점이 정리를 마친다.

Open	Sat–Mon 09:00~17:00

Katharine
Hamnett

고즈넉한 생투앙의 거리 풍경

4호선 종착역인 클리냥쿠르 역^{Porte de clignancourt}에 내려 올라오면 눈앞에 KFC가 보인다. KFC를 왼쪽으로 두고 길을 건너면 커다란 공터가 나오고, 그곳에서 벌써 펼쳐져 있는 노점들을 만날 수가 있다. 하지만 여기는 절대로! 네버! 진정한 생투앙 벼룩시장이 아니다. 이곳의 셀러들은 대부분 아프리카와 아랍 계열 사람들인데 많은 관광객들이 이곳만 구경하고 실망하여 돌아가는 경우도 많다. 블로그를 보다보면 다들 이게 무슨 시장이냐고 비추를 하는 곳이 꽤 많았다. 그곳이 아니었는데 말이지…… 포기하지 말고 조금만 더 걷다보면 고가도로가 보이고 그 밑 횡단보도를 건너면 왼쪽으로 시끌벅적하게 노점들이 줄을 지어 서있는데, 이곳도 아직 제대로 된 생투앙 벼룩시장이 아니다. 절대 이쪽으로 들어가지 말고 한 블록만 더 걷자. 왼쪽으로 꺾으면 이제 진짜 생투앙 벼룩시장이 보인다. 돌기 전에 마켓 지도 광고판을 확인하도록! 양쪽으로 보이는 것은 도핀^{DAUPHINE} 마켓과 베흐니종^{VERNAISON} 마켓!

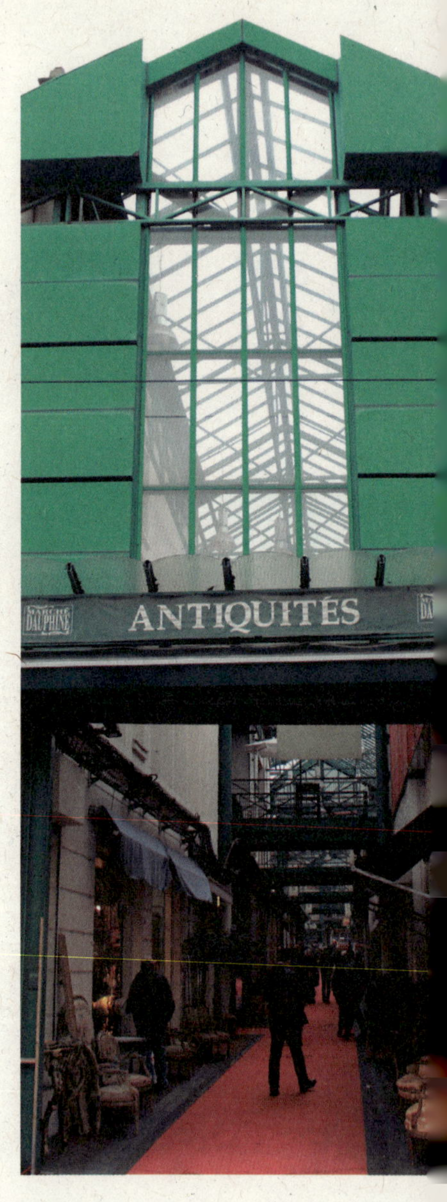

도핀 마켓은 비가 와도 편안하게 구경할 수 있게끔 지붕이 갖춰져 있고 현대적인 반면 베흐나종 마켓은 좁은 골목 사이로 오래되고 낡은 상점들이 다닥다닥 붙어있어 마치 한국의 재래시장 같은 분위기다. 날씨에 따라 어디를 먼저 구경할지를 정해도 좋을 듯하다.

개인적으로 제일 추천하고 싶은 곳은 마치 영화 속 작은 마을 같은 베흐나종! 실제로도 영화 관계자들이 소품을 구하기 위해서 많이 방문하며, 옛 파리의 모습이 그대로 보존되어 있는 거리를 촬영 장소로 사용하기 위해 많이 찾는다. 1918년에 설립되어 벌써 100여년의 역사를 자랑하며 생투앙 마켓들 가운데서도 가장 오래되었기에 다른 마켓의 표본이 되었다. 이곳에만 무려 300개의 스탠드가 자리 잡고 있다고 한다. 시간이 없다면 오전 일정으로 이곳만 둘러봐도 충분한 가치가 있다. 골목골목 담쟁이덩굴로 둘러싸여 있는 낮은 건물들이 다닥다닥 붙어있는 모습이 다른 빈티지 마켓들과 차별화된 모습이다. 한쪽 입구에는 모든 스탠드 번호와 함께 앤티크 가구, 빈티지 패션, 레스토랑을 색깔별로 구분해둔 지도를 볼 수 있는데, 사실 지도에 연연하기 보다는 발길이 이끄는 대로 다니는 게 이곳의 매력이기도 하다. 이미 구경했던 골목을 한번 더 지나치면서 그전에 보지 못했던 보물을 발견하기도 하니까.

생투앙 벼룩시장

85 MODE DE PARIS 85

LANVIN

　　베흐나종의 입구에 자리 잡고 있는 'David Roy'의 쇼윈도에는 샤넬 빈티지 백들이 쌓여 있고 숍 안에는 더 다양한 샤넬 빈티지 백들이 유리 진열장 안에 고이 보관되어 있다. 진열장을 통째로 갖고 싶었을 정도로 어느 하나 못난 것 없이 예쁘다. 샤넬의 본고장인 파리이니 만큼 생투앙에서는 다른 곳보다 더 많은 빈티지 샤넬 제품을 찾아볼 수 있다. 가격은 최저 800~1500유로 정도. 요즘 매장가가 많이 올라 빈티지 제품도 계속 오르는 추세며, 이것을 보면 '샤테크'라는 말이 정말 공감이 간다. 이곳은 고가의 명품을 취급하는 곳으로 샤넬뿐만 아니라 랑방, 셀린느 같은 프랑스 브랜드 컬렉션을 볼 수 있다. 여자들의 로망 샤넬 슈트<u>트위드 재킷과 치마 세트</u>도 족히 50벌은 되어 보이는데 겹치는 디자인 하나 없이 저마다 조금씩 다른 디자인과 컬러감으로 행거 하나를 다 차지하고 있다. 개인적으로 요즘 매장에서 볼 수 있는 트위드 재킷들보다 좀 더 클래식하고 단정한 디자인들이라 더 좋아한다. 대부분 세트로 사야하지만 간혹 재킷만 살 수 있는 모델도 있다.

　　벽에는 그림이 들어있는 액자를 걸어 빈 공간을 채워두었고 바닥에도 비스듬히 세워 정렬해두었다. 특히 들어오자마자 정면으로 보이는 'MODE DE PARIS'라고 적혀있는 벽화는 이곳 분위기를 그대로 보여주고 있다. 보관이 잘된 크리스탈로 만든 옛 향수병들도 이곳에서 많이 볼 수 있는 아이템 중 하나. 섬세하게 깎여진 바디와 뚜껑, 고운 그러데이션이 화장대를 한층 더 고급스럽게 만들어 줄 것 같다.

생투앙 벼룩시장

맞은 편에는 빈티지 단추와 비즈, 스트리밍, 실 등 각종 재봉에 필요한 재료들을 팔고 있다. 직접 주문 제작한 나무상자에 담겨 있어 꽤 많은 양을 구입할 수 있는 비즈가 있는 반면, 유니크해서 고작 같은 디자인이 열두어 개 정도 밖에 안되는 단추도 있다. 두꺼운 종이에 일렬로 고정해놓고 파는 단추 중에서는 유명 브랜드 이름이 찍힌 단추도 간혹 찾을 수 있다.

아기들의 장난감과 인형을 전문으로 하는 가게 밖에는 낡아빠져서 아기를 올려 두었다간 폭삭 가라앉을 것만 같은 색이 바랜 초록색 유모차와 민트색 어린이 전용 의자가 있고, 그 위에는 인형을 앉혀 두었다. 인형 옷인지 아기 옷인지 구분이 안 될 정도로 손바닥만한 옷부터 작은 옷에 다양한 패턴으로 섬세한 디테일을 표현한 원피스까지 다양한 아이템을 만날 수 있다. 컬러와 디자인이 비슷비슷한데도 주인은 하나하나 다 기억하고 있다.

정말 잡동사니란 잡동사니는 다 모아둔 곳이 보인다. 물건들이 질서 없이 마구잡이로 탑을 쌓듯이 쌓여 있어서 하나 빼다간 나머지도 다 쏟아져 떨어질 것만 같은데, 막상 가까이서 보면 정리가 꽤 잘 되어 있는 편이다. 어느 한 테마를 가지고 판다기보다 주인 아줌마의 취향에 따라 다양한 물건을 모아 놓은 이곳에는 어디에다 써야 할지 잘 모르겠는 깡통들부터 청동 조각, 녹슨 램프들, 촛대, 잡지꽂이에 낡은 인형까지 아이템이 다양하다. 색색깔의 전구로 가게 입구를 비춰주어 더 아기자기하고 따뜻한 느낌이 든다.

오직 손가락만한 열쇠고리로만 한 상점을 가득 채우고도 남는 이곳은 1960년대에 취미로 열쇠고리를 모으다보니 어느새 열쇠고리 전문가로 거듭난 프랑스와즈 아주머니가 주인인 곳. 열쇠고리에 관한 책을 직접 썼을 정도로 열쇠고리 박사다. 아주머니의 책은 가게에 14유로에 팔리고 있다전

생투앙 벼룩시장

 간판 대신 커다란 열쇠고리 모양이 달려있고 거기에 하나씩 구멍을 뚫어 열쇠고리들을 모두 달아놓았다. 60년대 미니어처부터 식료품, 콜라, 와인 모형, 유명배우 얼굴이 프린팅 된 열쇠고리까지, 벽면 위쪽에 카테고리가 나누어져 정리되어 있으니까 관심 있는 것을 골라 볼 수 있다. 수백 가지의 종류를 구경하다보면 시간 가는 줄 모른다. 세 벽면을 가득 채운 열쇠고리는 겨우 1유로! 그밖에 조금 더 특별한 것들은 3유로에서 10유로까지이며 적은 돈으로 60년대를 회상할 수 있는 좋은 기회다. 나 역시 취재를 하다말고 내 것을 고르기 시작했는데 아기자기한 프린팅의 동그란 철제통과 즐겨 마시는 페리에의 미니어처 그리고 무려 'MISS-GINA'라고 내 이름이 적힌 열쇠고리도 득템했다. 내 이름을 발견하다니 신기하고도 너무 의미 있어서 당장 구입했다. 이렇게 본인에게 상징적인 혹은 본인의 취향에 맞는 열쇠고리들을 골라 같이 매달아 두면 이때의 추억이 되살아나는 것 같아 너무 좋을 것 같다. 나 또한 이 열쇠고리들을 볼 때마다 맘에 드는 예쁜 것을 찾으려고 삼사십 분을 가게에 진치고 뒤지던 날이 기억난다. 조금 더 탐나는 것들은 10유로가 훌쩍 넘어가 포기했지만 각각 1유로로 건진 것들은 볼 때마다 뿌듯하다! 그래서 지금 내 열쇠고리에는 추억이 방울방울 달려있다. 나와 비슷한 취향을 가지고 있는 친구들에게도 하나씩 찾아 선물하곤 했다. 말 그대로 '1유로의 행복'인 셈!

　　커튼과 침구류 등을 위한 빈티지 원
단을 전문으로 하는 상점이 보인다. 겨울을
따뜻하게 해줄 두꺼운 벨벳 원단부터 하늘
하늘한 실크 원단까지. 마치 유화그림 같이
섬세하게 수놓아진 커튼도 보이고 한 롤씩
말려있는 원단이 있는 반면에 고작 한 마도
되지 않아 이걸 어디에 쓸 수 있을까 싶은
원단도 있다. 주로 나이가 좀 있는 아주머
니, 할머니들이 관심을 가진다. 재봉틀을 다
룰줄 아는 사람들은 예쁜 원단을 떼어다가
집에 가서 뚝딱뚝딱 귀여운 옷, 예쁜 소품
을 만들겠지. 원단뿐만 아니라 앤티크 가구
를 파는데, 리폼을 하기 위해 의자와 원단을
함께 사가는 사람도 많다고 한다. 저걸 사서
어디다 쓸까 싶은 원단 스와치 샘플도 있다.
스와치를 가지고 있다 한들 지금은 구할수
도 없는데 말이지…….

　　입구에 일본 잡지의 인터뷰 페이
지를 스캔해서 붙여 놓은 가게 'Francine
Dentelles'. 앗! 여기다 싶어 촬영을 요청하

고 마구마구 찍으려고 들어갔는데 글쎄, 볼거리들이 너무 많아서 사진은 안 찍고 한참을 구경했다. 문득 생각나 주인 아주머니, 아저씨에게 양해를 구했는데 선뜻 오케이해주어서 신나서 사진을 찍었다. 주인 아주머니가 옆에서 이 코너에 있는 것도 찍어봐, 쇼윈도에 있는 것도 찍어봐 하며 정리를 하다 말고 도와주었다. 30년 전부터 운영하고 있다는 이곳은 아가 옷부터 특이한

코스튬 드레스, 구하기 힘든 패브릭과 섬세

한 레이스 칼라, 스트리밍, 실, 리본, 단추, 오드리 햅번이

쓴 빈티지 칵테일 모자 등 러블리한 것들은 죄다 모아놓은

곳이다. 눈길 돌리는 곳마다 예쁜 것들이 잔뜩 쌓여있고 물건이 너무 많아

사진을 찍을 수 있는 적당한 공간조차 없는 곳. 특히나 쇼윈도에 디스플레이

되어 있던 수가 놓아지고, 비즈가 일일이 수작업 된 아기들의 모자가 인상적

이었다. 천장 가득 실크와 린넨으로 만든 옷들이 주렁주렁 매달려 있다. 안

쪽에 전시된 유리 진열장 안의 레이스 제품들은 보관상태도 좋고 얼룩하나

없는 깨끗한 제품이라 탐이 난다. 나는 다양한 원단과 컬러의 '칼라' 액세서

리를 좋아하는데 평범한 라운드넥 원피스나 티셔츠에 저런 '레이스 칼라'를

손바느질로 달아주거나, 앞쪽에 후크를 달아서 탈부착이 가능하게끔 만들어

코디해주면 빈티지하게 드레스 업할 수 있다. 레이스로 만든 램프 갓 또한

탐나는 아이템. 많은 디자이너들이 와서 특히나 '패브릭 개발'에 대한 영감

을 얻는 편. 베흐나종에 두개의 스탠드를 가지고 있다.

　　　디스플레이가 색다른 'TOMBÉES DU CAMZON'는 아이들이 가지고

놀던 장난감 관련 소품들을 파는 곳이다. 특이하게 스톡이 있을 정도로 대량

으로 파는데, 이런 곳은 빈티지 마켓에서도 몇 개 찾아보기 힘들다. 몽마르

뜨에도 개인 숍을 가지고 있어 취재를 했던 이곳의 컬렉션은 대부분 20세기

초부터 모아온 것들. 다양한 액세서리와 아이들의 게임 소품, 레터링, 스탬프

같은 평범한 것들부터 인형 머리, 인형 다리, 인형 눈알 등의 엽기적인 소품

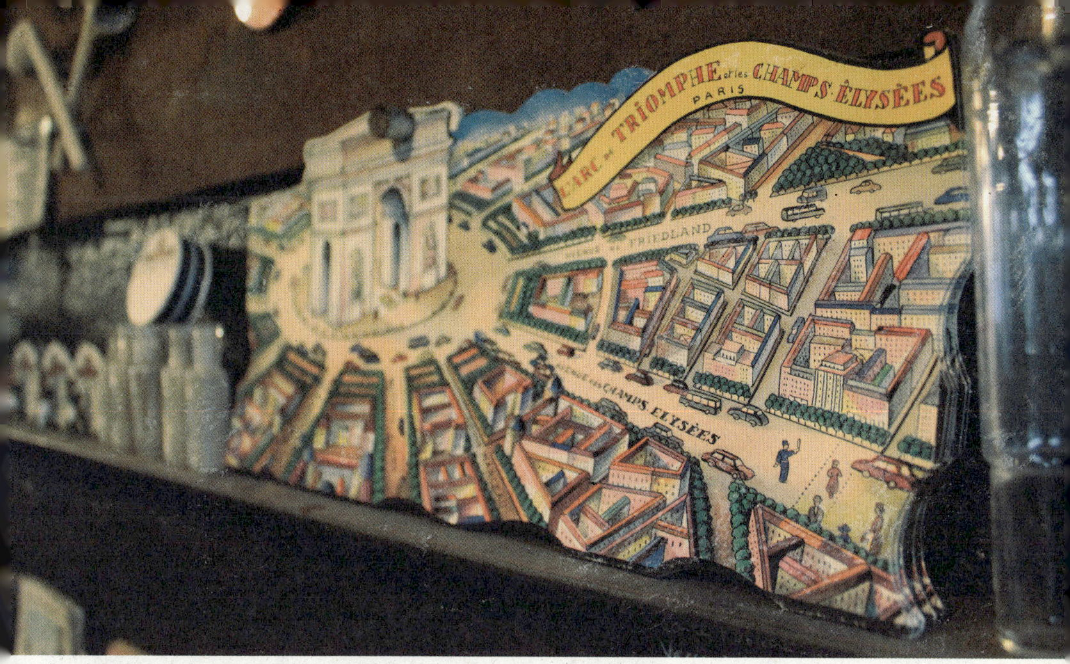

들까지 가득 차있다. 어릴 적 무서운 꿈에 나왔던 이런 인형들은 아티스트들이 콜라주용으로 구입하기도 한다고 나는 무서워서 절대 사지 못할 아이템들. 빈티지 당구공도 멋스럽다. 그 옆에 있던 빨간색의 철제 소품은 어디에 쓰는 물건인가 물어보니 자전거 바디에 다는 용도로 쓰이는 것! 알록달록한 소품들 옆에는 이곳이 파리라는 것을 다시 한번 실감할 수 있게 해주는 개선문, 에펠탑이 실린 빈티지 사진 엽서들을 나란히 세워두었다.

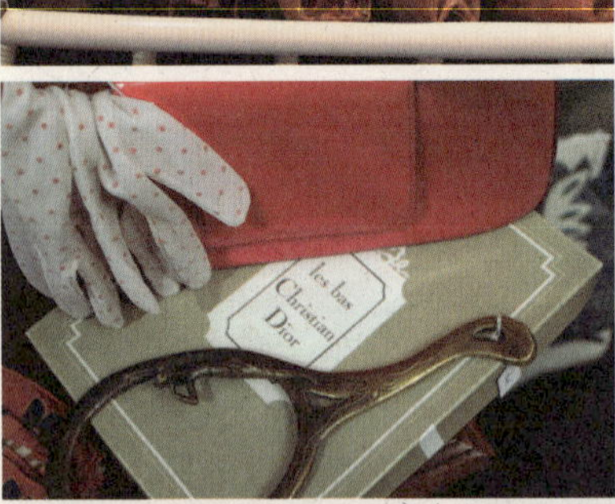

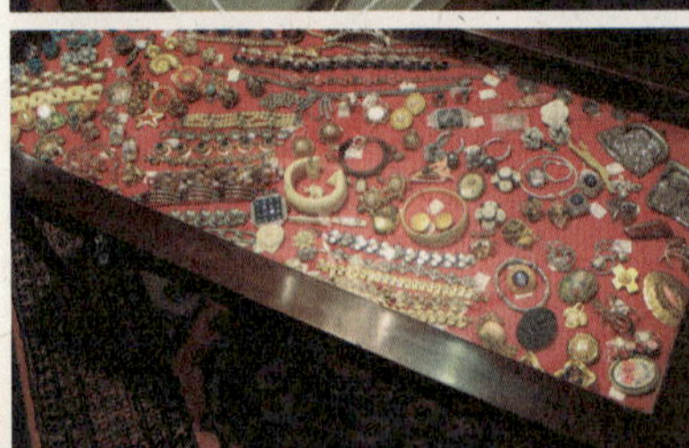

날 보더니 '안녕하세요.' 라고 한국말로 인사하는 프랑스 주인 아주머니 때문에 지나가다 깜짝 놀랐다. 남편의 직장 때문에 한국에서 그것도 콕 집어서 한남동 유엔 빌리지라고 4년 동안 살았었고 부산에서도 잠시 거주한 적이 있다는 아주머니는 간단한 한국어 인사도 가능해서 괜히 기분이 뿌듯해졌다. 숍을 소개해달라는 부탁에 '다른 부티크와는 차별화 된 콘셉트를 가지고 있는 곳'이라고 설명했다. 같은 루이비통 핸드백이라도 콜라보레이션 제품이나 그해에만 출시된 리미트에디션 제품을 수집하는 등 다른 빈티지 부티크에서 흔하게 구할 수 없는 스페셜한 것들을 모으려고 노력했다고. 80년대와 90년대의 재킷, 스커트 세트부터 오뜨꾸뛰르 드레스, 50년대의 손바닥만한 클러치가 눈에 띈다. 하드케이스로 만들어진 클러치는 다른 이브닝 클러치들보다 좀 특별하게 극장이나 파티, 디너에 참석할 때 매치할 수 있는 잇 아이템. 콤팩트 파우더 같은 화장품과 담배의 수납이 가능하고 거울이 붙어있는데다 어두운 곳에서도 화장을 수정할 수 있게 미니 조명이 달려있다. 그밖에 1890년대, 1920~30년대의 비즈가 달린 핸드메이드 이브닝 클러치와 상아로 만들어진 코스튬 주얼리도 가게 한가운데 진열장 안에 자리 잡고 있다. 미국의 유명한 호텔 라운지에서 볼 수 있는 'WHERE'라는 잡지에 이곳 부티크의 기사가 실리기도 했다고.

폴 베흐^{Paul bert}와 세흐뻬트^{serpette}는 같이 붙어있는데 폴 베흐는 베흐나 종처럼 실외 마켓인 반면 세흐뻬트는 실내 마켓으로 남대문 시장 같은 분위다. 대부분 규모가 큰 앤티크 가구를 전문으로 취급하는 곳이라 한두 곳 보다 보면 조금 지루할 수도 있다고 생각된다. 하지만 이 마켓 한가운데 위치한 서너 개의 가게가 눈을 즐겁게 하는 핫 스팟! 에르메스의 주황색 쇼핑백이 천장에 닿을 것만 같이 쌓여있는데다 보기도 힘든 루이비통의 리미트 에디션 트렁크들, 천만원을 호가하는 에르메스의 버킨이 줄을 지어 서있고 샤넬의 2.55백들이 소재별, 컬러별로 전시되어 있는 이곳. 루이비통 트렁크의 경우 8,000유로에서 10,000유로 천만원이 훌쩍 넘는 가격는 기본으로 하는 입이 쩍 벌어지는 가격에 판매된다. 그 가격에 놀랐지만 당연히 그 정도 가격은 줘야지 살 수 있을 것 같은 아이템에 고개가 끄덕여졌다.

전 세계적으로 많은 딜러들이 오로지 트렁크를 구입하기 위해 몰려드는 이곳은 부부가 운영하는 곳으로 고작 2~3평 남짓 되는 크기의 작은 매장이다. 영국식 악센트를 구사하는 아주머니와 아저씨는 친절하게 나의 취재에 응해주며 아이템을 하나씩 설명해 주었다. 본인들이 가지고 있는 '레어템'을 소개해 주었는데, 그들은 이것들을 '뮤지엄 피스'라고 설명했다. 설명하는 내내 신이 난 아저씨의

HERMÈS
PARIS
SOUVENIR DE L'EXPOSITION
HERMÈS
UN VOYAGE
AU PAYS DES
MERVEILLE

진열장을 가득 채우고 있는 에르메스 가방들

모습이 유쾌했다. 가게에서 제일 가치 있고 비싼 4가지의 레어 트렁크를 우선 설명해 주었다. 루이비통의 '레드 스트라이프 트렁크'는 정말, 정말, 정말 희귀하고 드문, 어디서도 찾기 힘든 트렁크"VERY RARE"를 무한 반복하던 아저씨라고 한다. 1872년 혹은 76년도에 생산한 제품으로 거의 '최초의 루이비통 트렁크'라고 하는데 우선 겉이 모노그램 프린팅이 아닌 레드 스트라이프일 뿐더러 트렁크 내부가 CAMPHOR WOOD-녹나무로 만들어져 백년이 훌쩍 지난 지금도 '나무향기'를 맡을 수 있었다. 이 나무로 내부를 구성한 이유는 이 나무가 향료를 비롯해 방충제, 살충제를 만드는 원료이기 때문인데 강한 향으

생투앙 벼룩시장

로 벌레가 먹거나 썩는 일이 없도록 해준다고 한다. 이 나무는 보존성이 매우 높은 편이라 옛날부터 왕족 귀족의 관재로 많이 쓰였다고. 그래서 이것은 주로 겨울용 코트를 보관하는 용도로 쓰인다고 한다.

트렁크라고 옷만 보관하는 게 절대 아니다. 책꽂이용 루이비통 트렁크가 한눈에 띈다. 낡아빠진 고서에서 깔끔한 디자인 책까지 아무거나 꽂아도 멋스러운 이 트렁크는 1930년도에 만들어졌는데 아직도 보관상태가 좋아서 9,000유로 정도의 고가 제품. 그 옆의 조금은 특별한 디자인의 루이비통 트렁크 역시 1930년도 제품으로 특별한 피스. 이곳 명함에 프린팅 된 제품과 옆의 빨간색 포인트만 빼고는 같은 제품이며, 명함에 있는 것은 10년 전에 있었던 제품으로 지금은 팔리고 없다고 한다. 서랍 형식으로 되어있어 넥타이, 액세서리를 보관할 수 있고 옷도 보관이 가능한데다 중간에 간이 테이블을 펼칠 수 있어서 간단하게 테이블을 필요로 할 때도 요긴하게 쓰인다.

네임 밸류가 높지 않아도 'Just nice!'를 외치며 소개해준, 빈티지 스티커들이 가득 붙어 있는 다크블루 색상의 트렁크는 'Brmett'라는 미국 브랜드로 2,900유로 정도로 그나마 그 사이에선 저렴한 편. 그밖에도 한국에서 인기 있는 '고야드goyard' 트렁크와 이름 없는 브랜드의 트렁크까지 가게 들어가는 입구가 좁아서 서있을 자리가 없을 정도로 트렁크로 가득 차 있다.

가게의 벽에 붙어있던 두개의 포스터는 마지막 포스터 아티스트로 유명한 'RAZZIA'의 작품. 제품의 재미있고 독특한 렌더링으로 자신만의 개성이 뚜렷한 포스터를 만드는 'RAZZIA'는 지난 25년 동안 현대 미술시장에 가장 기억에 남는 그래픽 이미지의 하나를 만든 장본인이다. 그의 대표적인 작업은 '루이비통'과 함께 한 것들로, 1985년에 함께 작업하기 시작해서 21년이 지난 지금도 여전히 작업하고 있다. 배의 광고 포스터와 그것을 리메이크하여 루이비통 광고로 만든 포스터를 비교하라는 듯이 붙여 놓았다.

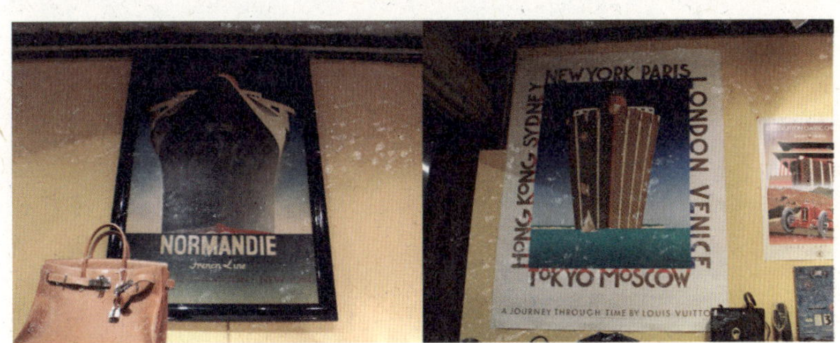

생투앙 벼룩시장

　루이비통의 'VIP' 손님들만을 위한 제품으로, 판매하지 않는 리미트 에디션 '루이비통 스노우볼'은 장식장 안 한 켠에서 정말이지 빛이 나고 있었다. 지금은 하나에 700유로 정도인데, 판매하지도 않았던 기념품 스노우볼의 가격이 이만큼 뛴 것은 리미트 에디션이라는 타이틀 때문이 아닐까. 그중 루이비통 트렁크 안에 루이비통의 로고인 LV가 움직이고 있는 스노우볼은 참 탐난다.

　앞서 트렁크에 쓰인 녹나무를 설명할 때 내가 어떤 나무인지 감이 안 온다고 하니 옆 가게의 한 프랑스 여자가 듣고 있다가 아이폰으로 검색을 해서 보여주었다. 그런데 웬걸? 일본어로 적혀있었다. 내가 일본인인줄 알았나 보다. 그래서 한국인이라고 말해주면서 이야기를 나누게 되었는데, 그녀의 이름은 바네사! 건너편에 자리 잡고 있는 그녀의 가게는 전부 일본에 관련된 소품과 예술 작품 등으로 도배되어 있었다. 여행을 좋아한다는 그녀는 일본의 매력에 푹 빠져 도쿄에 4년이나 살아버렸다고. 살면서 마음에 드는 것들을 모으고 모아온 그녀는 2010년 10월, 이곳 생투앙 마켓에 그동안의 컬렉션을 내놓았다고 했다. 일본 아티스트들과 함께 작업도 하고 그 아티스트들의 작업을 파리로 가져와 홍보도 하고 작고 아담하지만 알찬 전시회도 기획한다. 싱가포르와 서울도 여행했었고 정말 좋았다는 그녀의 말에 괜히 기분이 좋아졌다. 다른 나라 사람들이 우리나라를 칭찬할 때만큼 기분 좋은 게 없다. 친절한 그녀 덕분에 유럽 중에 프랑스가 인종차별이 심하다는 말을 실감하지 못했다. 다음에 또 취재 오면 만나자는 인사와 함께 명함을 주고 받고 발걸음을 옮겼다.

생투앙 벼룩시장

세흐뻬트에서 나가기만 하면 바로 폴 베흐가 나온다. 베흐니종과 비슷한 분위기를 물씬 풍기는, 담쟁이덩굴이 온 건물들을 덮고 있는 이곳은 앤티크 가구들이 많다. 앤티크 가구와 빈티지 소품들 사이에 레드카펫이 깔려 있어 한눈에 들어오는 인디언 핑크의 가게에는 빈티지 부티크임에도 "NOT REAL VINTAGE"라고 말하는 주인 아저씨가 있다. 이곳은 매우 특별하고 흥미로운 피스들만 모아둔 곳이라고 정의해준다. 물론 빈티지 제품들이 대다수이지만 꼭 빈티지를 고집하지는 않는다고. 최근 패션쇼에 섰던 오뜨꾸뛰르 드레스 등 유니크하고 특별한 피스들을 보면 사들인다. 이곳에 있

는 것들은 20세기 초부터 현재까지의 컬렉션으로 샤넬, 입생로랑, 디올, 에르메스, 발망 등의 유명한 브랜드가 기본이다. 세계적으로 오로지 한 피스만 있는 아이템들도 많은 편. 샤넬 구두 같은 경우는 1980년 컬렉션에서 모델이 신었던 것이다.

이렇다 보니 많은 패션디자이너들이 영감을 얻기 위해서 찾는다고 한다 루부탱, 니나리치의 디자이너들이 자주 찾는다고! 내가 듣고 깜짝 놀랐던 사실 중에 하나는 작년엔 무려 마돈나와 줄리아 로버츠도 들렀다는 것! 셀러브리티들 사이에서도 이런 빈티지 부티크가 인기라는 게 실감이 난다. 평소에 일반인이 입기엔 부담스러운, 헐리우드 셀러브리티들이 레드카펫을 위해서나 입을

것 같은 드레스, 화려한 깃털 장식이 달린 칵테일 모자, 주렁주렁 목에 무리
가 갈 정도로 무거워 보이는 목걸이 등으로 가득 차있으니 아무래도 유명한
배우와 가수들이 즐겨 찾는 게 아닐까 싶다. 입구 마네킹에 입혀져 있는 화
려한 스팽글 드레스는 'Katherine Hammett' 제품. 프랑스, 영국, 스웨덴 등 다
양한 유럽 국가에서 활동한 그녀는 한국 사람에겐 조금은 생소한 이름이지
만 옷을 보면 정말 퀄리티 높고 센스 있는 브랜드라는 걸 단번에 알 수 있다.
함께 코디되어 있던 샤넬 목걸이 또한 개인적인 감상으로는 요즘 매장에서
만날 수 있는 아이들보다 훨씬 고급스럽고 세련되었다. 이곳에서 1분 거리
에 같은 숍이 나누어져 위치해있다. 조금 더 저렴한 제품과 색다른 분위기를
풍기니 그곳 역시 들러볼 것!

Chez Louisette
셰 루이젯

베흐나종의 좁은 미로 사이에 자리 잡고 있는 작은 규모의 '셰 루이젯'은 마켓의 구석에 숨어 있지만 끊이지 않는 노랫소리와 사람들의 박수소리에 '여긴 무얼 하는 곳이지?'라는 궁금증을 자아내어 많은 사람들의 발걸음을 멈추게 하는 곳이다. 나 역시 선뜻 들어가지 못하고 각종 광고와 메뉴판이 덕지덕지 붙어져 있는 창문 너머로 들여다보니, 사람들이 식사를 하고 있는 게 보였다. 모퉁이 한구석에 작은 무대를 갖추고 가수가 클래식 프렌치 노래를 부르는 독특

한 콘셉트의 레스토랑이었던 것! 식사뿐만 아니라 간단하게 와인이나 커피 한 잔도 할 수 있는 부담없는 공간이다. 1930년에 열어 아직까지도 많은 사랑을 받고 있는 이 레스토랑은 선술집 같은 분위기에 다양한 라이브 이벤트로 각종 방송 매체에도 실린 적이 많다. 프랑스에 와서 한번쯤 먹어보아야 할 달팽이요리 에스카르고(12.50유로)와 불타는 크림 브륄레(6유로)를 추천한다. 스테이크 같은 메인디시의 경우 10유로부터 30유로까지 다양한 가격대를 선보인다. 마켓이 열리는 주말 점심시간은 만석인 경우가 대부분이라 조금 일찍 가는 게 좋다.

Address 136 Avenue Michelet 93400 Saint-Ouen, FRANCE
Open Sat-Mon 12:00~17:00

A. Picolo
A. 피콜로

무려 1919년에 문을 연, 'A.피콜로'는 이곳 생투앙 벼룩시장에서 가장 오래된 카페이니만큼 명성과 인지도가 높은 편. 원래는 빈티지, 앤티크 딜러들이 주로 이용하던 곳이었는데 작지만 정겹고 친근한 분위기 때문에 요즘은 늘어난 관광객들로 붐빈다. 게다가 작은 규모지만 매 주말마다 콘서트도 열린다. 스케줄은 공식 홈페이지에서 확인이 가능하다. 색깔이 바랜 흐린 초록색의 낡은 간판 아래 노천 테이블도 마련되어 있고 목재 벤치, 나무테이블, 등나무 의자 등의 내부 인테리어에서 전통적인 분위기를 느끼며 맛있는 프랑스 요리를 즐길 수 있다. 야채와 쇠고기가 들어간 캐서롤이나 퐁당쇼콜라

(Fondant au chocolat)가 추천 메뉴. 간단한 바게트 샌드위치나 타르트 같은 디저트부터 프랑스 전통 코스 요리까지 갖추고 있는 이곳은 마켓이 여는 토, 일, 월에 맞추어 일주일에 3일만 오픈한다.

Address 58, rue Jules Vallès, Saint-Ouen, Ile-de-France 93400

Open Sat-Mon 07:30 ~22:30

Budget 버거세트 4.50유로부터

ANGELLINA
양젤리나

루브르 박물관 근처에 자리 잡고 있는 '앙젤리나'. 파리에 왔으니 그 유명한 '몽블랑'을 먹어봐야 한다! 그중에서도 몽블랑과 핫초코로 전 세계 사람들의 입맛을 사로잡은 앙젤리나를 소개하겠다. 내부는 프랑스 특유의 사치스러움이 묻어나는 금색이 난무하지만 고급스러운 느낌이다. 티룸에 앉아서 먹으려면 보통 줄을 서서 기다리는 게 기본이고 테이크 아웃의 경우 줄 서서 기다릴 필요 없이 들어가서 주문하면 된다. 몽블랑은 머랭 쿠키를 베이스로 휘핑 크림이 올라가고 제일 윗면에 마론 크림이 덮여 있는 컵케이크 모양의 디저트로 파리 대부분의 베이커리에서 찾을 수 있을 정도로 보편적이다. 달콤한 걸 좋아하는 나에게도 매우 달아 다 먹기 버거웠을 정도, 사람마다 취향은 다르지만 몽블랑과 함께 쇼콜라쇼를 먹는 경우가 많다. 그치만 달달한 몽블랑에는 씁쓸한 홍차나 아메리카노를 추천.

Address 226 Rue de Rivoli 75001, Paris
Site http://www.angelina-paris.fr/
Open Mon-Fri 09:00~17:30
　　　 Sat-Sun 09:00~19:00

생투앙 벼룩시장

P?? DE VANVES
Le Timbre Poste
RESTO
PUB
TABAC
7/7

방브 벼룩시장

　　　파리의 남쪽에 위치한 방브 마켓은 양쪽으로 가로수가 우거진 좁은 길에 비가 오나 해가 뜨나 변함없이 백년이 넘도록 같은 자리를 지키고 있다. 여기서는 18세기와 19세기, 1900년대와 Art Deco 시대, 50년대와 70년대의 모든 것을 만날 수 있다. 철제로 만들어진 가구, 도구, 조명, 유리제품과 은제품, 오래된 옷과 패브릭, 주얼리, 사진과 엽서, 카메라, 축음기와 라디오, 예술 작품, 종교 오브제, 아프리카 전통 오브제 등 종류가 매우 다양해서 일일이 나열하기도 입 아프다. 생투앙 마켓의 10분의 1정도 밖에 되지 않는 작은 규모의 마켓이지만 볼 것들이 넘쳐나고 굉장히 알찬 마켓이라고 정의하고 싶다. 꼼꼼히 구경하다보면 2시간은 그냥 지나가버릴 정도로 흥미로운 방브 마켓은 한국에서는 볼 수도, 접할 수도 없는 골동품들을 많이 보유하고

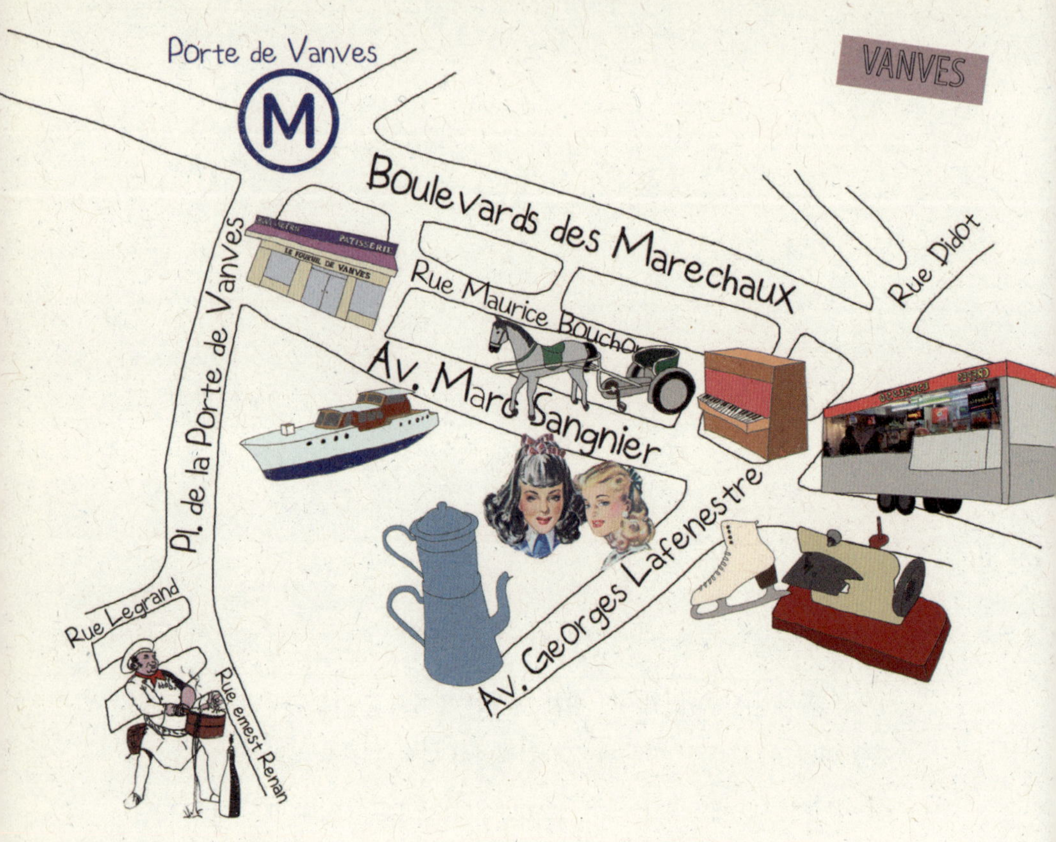

있다. 그래서 가격대가 좀 높은 편. 생투앙 마켓이 세계적으로 유명해서 관광객들이 많이 찾는 마켓이라면 이곳 방브는 상대적으로 아직 상업화가 덜 된, 그래서 프랑스 사람들이 많이 몰리는 곳이다. 우리 같은 관광객들은 '진짜 파리'를 몸소 느끼기 위해, 파리지엔느들은 여유로운 주말을 의미 있게 보내기 위해 이곳을 찾는다. 꼭 물건 구입이 목표가 아니더라도 소소한 즐거움을 느끼기 위해 방문한 사람들이 대부분.

두 길에 걸쳐 열리는 방브 마켓은 노점 상인들에 따라 영업 시간이 다르다. 그들 중에는 마음대로 일찍 접는 사람도 많다. 이곳 방브에서는 아침 일찍 움직일수록 시간을 알차게 보낼 수 있다.

Site   www.pucesdevanves.typepad.com

Open   Avenue Marc Sangnier 07:00~13:00
        Avenue Georges Lafenestre 07:00~17:00

포르테 드 방브 역porte de vanves에 내려 2번 출구로 나가 뒤로 돌면 왼쪽 모퉁이에 카페가 보인다. 카페를 지나 왼쪽으로 꺾어 올라가면 시장 시작 지점이 보이기 시작한다. 생투앙 마켓이 관광객들에게 많이 알려진 세계적으로 큰 규모의 마켓인데 비해 방브 마켓은 조용한 주택가 사이 그리 크지 않은 규모좁고 긴 편로 열리며 찾아오는 사람들 대부분이 파리지엔느들이다. 특히 요즘 들어 관광객들 사이에서도 유명세를 타기 시작해서 꽤 붐비는데 일본인들이 많이 보인다. 차분하고 한적한 동네에 노점들이 다닥다닥 붙어 길게 늘어선 방브 마켓은 두어 시간이면 충분히 구경하고도 남는 규모로 여행 일정이 빠듯해 시간이 없는 사람들에게 추천하는 마켓이다. 이곳은 옷보다는 골동품과 예술 작품, 빈티지 소품들을 주로 취급한다.

입구 쪽에 자리 잡고 있는 첫 번째 노점에서는 오래된 성냥갑, 열쇠고리, 단추, 열쇠 같은 작은 소품 컬렉션을 만날 수 있다. 요즘 같이 라이터를 쓰는 시대에 성냥갑을 사서 뭐하나 하고 생각할 수도 있지만 알록달록한 빈티지 패키지 디자인에 금세 마음을 뺏겨 버린다. 생투앙의 베흐니종 마켓에

CAHIER
Peter Pan
PIRATES
LES T
PETITS
KLM
ARMADA
WILLEM II
SIGAREN
UNION MATCH
WALES
STEAMER
DOUBLE EAGLE

: 감각적인 성냥갑 디자인

서 보았던 열쇠고리 전문점만큼 다양한 종류를 갖추고 있지는 않지만 그래도 그곳을 갈 수 없는 사람들에겐 더없이 반가운 곳이다. 60~70년대의 각종 미니어처 열쇠고리부터 빈티지 사진이나 광고가 들어 있는 플라스틱 액자 열쇠고리까지 다양한 제품을 만날 수 있다. 엄지손가락만한 다양한 모양의 비스킷과 주전자, 냄비 같은 식기류 미니어처가 인기 있다. 한눈에 들어왔던 입생로랑 빈티지 단추는 하나에 3.5유로라는 높은 가격임에도 불구하고 많은 사람들이 관심을 가지는 것 중 하나. 실제 저 단추를 이용해서 만든 옷을 밀라노 나빌리오 빈티지 마켓에서 만나볼 수 있었다. 돌고 도는 빈티지 제품들. 특히 내 마음을 사로잡은 빈티지 열쇠는 크기가 천차만별인데, 손바닥만한 크기에 무게도 꽤 나간다. 이것은 예전에 밀라노 스트리트 패션을 촬영할 때 만난 친구 한명이 착용했던 목걸이 아이템에서 처음 접했다. 무겁지만 멋있어서 탐이 났는데 그때 파리에서 사왔다고 말한 게 기억이 난다. 열쇠에다 가죽 끈 하나 길게 달아주니 세련된 액세서리로 변신했다. 작은 열쇠들은 실제로 보석함 같은 곳에 쓰이던 열쇠라고 한다.

런던의 마켓에서는 레터링 스탬프들을 많이 봤는데 이곳에선 특이하게 세밀하게 판 동물 모양 스탬프가 많이 보인다. 크기도 꽤 큰 편이고 스탬프의 몸판도 색깔이 화려한 편이다. 포토벨로 마켓에서 처음 접했던 이 스탬프들은 종류가 훨씬 많았고 가격도 더 비싼 편이였다. 그 많은 아이템 중 내 눈을 사로잡은 것은 몇 개 없던 '롤링 스탬프'였는데, 휠에다 다양한 디자인을 갈아 끼울 수 있어서 유용하다. 이미 수많은 사람들의 손을 거쳐 손때가 가득 묻은 롤링 스탬프는 영화 〈샤넬과 스트라빈스키〉의 한 장면을 떠오르게 한다. 백지 위에 오선 롤링 스탬프로 작곡을 하던 장면이 떠오르면서 편지나 다이어리에다 손글씨와 함께 찍어 주면 예쁠 것 같다는 생각이 들었다. 어렸을 때부터 문구류에 환장했던 나는 빈티지 마켓에 들릴 때마다 하나씩 스탬프를 사 모았는데, 어느새 서랍 하나를 가득 채워나가고 있다. 이미 수백 번 잉크를 묻혀 더럽혀지고 관리가 안 된 제품이라도 스탬프 전용 리무버가 있으니 걱정할 필요 없다.

방브 벼룩시장

EPICERIE
Légumes
CA

이곳에는 또 집을 감각적으로 한 단계 업그레이드 시킬 수 있게 도와주는 유화그림이 가득하다. '파리=예술의 도시'를 증명이라도 하듯 유화 초상화부터 고즈넉한 템즈 강변을 그린 풍경화, 팝아트의 거장 앤디 워홀의 사인이 들어간 실크스크린 복사본까지……. 팝아트를 좋아하는 나는 그걸 보자마자 사고 싶어 안달이 났다. 가격도 80유로 정도로 비싸지 않다. 가지고 가기가 곤란할 것 같아 잠시 망설이던 사이 겨자색 스타킹에 파란 구두를 매치한 할머니가 덥석 집어 들더니 가격을 물어보고는 단번에 사버렸다. 이럴 수가……! 너무 허무하면서도, 짐 생각하지 않고 맘껏 살 수 있는 파리지엔느들이 부럽기만 했다. 나도 평소에는 한국 돌아갈 때의 짐을 걱정하지 않고 마음에 들면 사는 편이긴 한데, 그건 밀라노에서나 가능한 일이지 여행 겸 취재 겸 들리는 도시에서는 상당히 버겁다.

무명의 화가부터 유명 화가의 스케치 한 점까지 다양한 그림 작품을 찾아볼 수 있는 만큼 그들이 쓰던 화구용품 또한 많이 보인다. 아주 어렸을 적 텔레비전에서 보았던 '그림을 그립시다'의 밥 아저씨가 썼을 것만 같은 나무판 팔레트와 그 위에 짜다 만 흔적이 그대로 보이는 굳은 물감들. 제대로 씻어 보관하지 않아 물감이 묻은 채로 단단해진 붓들. 모두 어느 누군가의 예술을 향한 열정이 담겨있는 것들이다. 어렸을 때부터 꾸준히 미술을 배워 와서 그런지 직접 사용할 수도 없는 그저 장식품일 뿐인데도 갖고 싶은 욕심이 들었다 물론 쓰지 않은 새 제품도 찾아 볼 수 있다. 같이 구경 갔던 순수 미술을 전공하고 있는 친구는 결국 빈티지 팔레트 하나를 흥정해 예산에 맞는 가격

방브 벼룩시장

으로 구입했는데 지금도 대학교 수업 시간에 자랑스럽게 꺼내어 쓴다고 한다. 요즘은 대부분 플라스틱 팔레트를 쓰는데 자기 혼자 유니크하다고 좋아하던 친구. 여기서 또 한번 빈티지 마켓의 매력을 느꼈다.

녹이 슬어 페달도 잘 돌아가지 않던 아이들 장난감 마차 자전거는 지나가던 사람들의 재미난 구경거리. 큰 덩치의 아저씨가 앉아서 사진을 찍어도 되냐고 주인 할아버지에게 물어보기에 부서지기 일보직전이라 당연히 안 된다고 거절할 줄 알았는데 흔쾌히 웃으면서 승낙해준다. 대여섯 살 꼬마나 앉을 수 있을 법한 자전거에 엉덩이를 밀어 넣더니 손잡이까지 잡고 포즈를 잡는 아저씨. 보는 사람들로 하여금 큰 웃음을 자아냈다. 그 뒤로도 많은 사람들이 사진을 찍으려고 앉는데 싫은 표정 하나 없는 할아버지. 본인의 소중한 컬렉션이기에 꼭 사지 않아도 즐겨주고 좋아해주면 그게 행복하다고.

　　내 눈을 사로잡은 아기자기한 '뱃지'. 월트 디즈니의 유명한 캐릭터부터 50~60년대의 빈티지 패키지 디자인, 코카콜라에 관한 다양한 뱃지들을 파일에 하나하나 꼽아 가득 채워 팔고 있다. 이런 액세서리들은 야상이나 재킷, 니트에 몇 개씩 꼽아 또 다른 느낌을 연출할 수 있다. 그치만 작긴 해도 무시할 수는 없는 가격. 조금 예쁘다 싶은 것들은 꼭 더 비싸다. 갈 때마다 한두 개씩 사 모았더니 재킷 한쪽 칼라를 가득 채웠는데 그 작은 뱃지 하나하나에도 나 혼자만의 추억이 담겨 있어서 괜히 볼 때마다 뿌듯하다. '이 뱃지는 그때 그 겨울에 흥정 성공해서 좀 싸게 샀었지', '이건 아줌마가 덤으로 끼워주신 뱃지' 이렇게 추억하고는 한다.

방브 벼룩시장

　　지나가던 길에 나를 사로잡은 노점이 하나 있다. 노점에는 사진과 유리가 진열되어 있었는데, 이게 뭐지 하고 손으로 유리 한 장을 들어 올렸더니, 다름 아닌 필름이었다. 유리에 틈이 있어 반으로 나누어져 있고 두 가지 사진이 동시에 프린팅 되어있는 필름. 몇 십 년 전 사람들의 생활을 볼 수 있다는 게 너무 신기하기도 해서 한 장 한 장 구경하느라고 정신이 팔렸다. 흥미롭게 구경하는 내 모습을 보고는 주인 할아버지가 친절하게 설명까지 덧붙여 주었다. 그밖에도 일반 사람들의 사진들이 잔뜩 있어, 구경하는 재미가 있었다. 누군지도 모르는 일반인의 웨딩사진이 두개의 다른 액자에 담겨 가지런히 계단에 기대어 있었다. 이 사람들은 죽어서 자신의 사진이 이런 앤티크, 빈티지 마켓에 나와 팔리는 걸 상상이나 했을까? 혹시 내 사진도 훗날 저렇게 팔리지는 않을까 하는 재미난 상상을 해보았다.

겨우 일곱 살 남짓 된 여자 아이가 한손엔 디카를 꼭 쥐고 다른 한손
으로 골동품들이 뒤섞여 있는 트렁크를 뒤지고 있었다. 엄마랑 둘이 나들이
온 것 같은 이 아이는 이미 한두 번 와본 게 아니다. 엄마는 엄마의 취향대로
구경하고 아이는 아이의 취향대로 본인이 관심있는 걸 보고 있었다. 그리고
마음에 드는 걸 발견할 때마다 고사리 같은 손으로 셔터를 눌러대는데, 주변
노점 상인들도 귀엽고 신기해서 쳐다보더라. 그 작은 아이가 앤티크와 빈티
지에 대해서 뭘 알까 싶지만 이미 엄마 따라 몇 번 씩 와보면서 보는 눈이 생
긴 것 같다. 아마 엄마가 빈티지 광이 아닐까? 자신의 장난감을 직접 고르는
아이의 감각을 지켜보는 내내 입가에 미소가 떠나지 않았다.

방브 벼룩시장

앞치마를 두른 모습이 마치 피노키오의 제페토 할아버지와 꼭 닮은 할아버지가 실패부터 단추, 레이스, 새 것 그대로 보관되어 있는 머리핀, 병이나 캔에 붙이는 스티커와 브랜드의 택 등을 팔고 있었다. 여성스러운 물건이 많아 주인도 여자일 거라고 생각했는데, 할아버지가 주인이라 반전이다. 중간 중간 기차 모형, 빈티지 구두 등이 보이기도 한다. 빵과 쿠키, 타르트를 구울 때 필요한 베이킹용 '틀'을 파는데 모양은 잘 보존 되어 있는 반면 전부 녹이 슬어 있어 이걸 구입하면 어떻게 쓸까 라는 의문이 들었다. 특히 프랑스의 유명한 디저트 '마들렌'을 구울 수 있는 틀이 귀여웠다. 초콜릿을 만드는 가지각색의 틀도 인상 깊었다.

한번은 비가오고 바람이 많이 부는 날에 아침 10시가 넘어 구경을 간 적 있다. 날씨가 좋지 않아 반쯤은 포기하고 들른 방브 마켓에는 생각 외로 많은 노점들이 한창 장사를 하고 있었다. 상인들 모두들 한두 번 이런 날씨를 겪어 보는 게 아닌지 그동안 터득한 각자의 노하우로 장사를 하고 있었다. 비가 와서 힘들고 짜증지수가 높을 것만 같았는데, 비가 오나 눈이 오나 날씨가 영하로 내려가나 언제나 같은 모습의 상인들. 활동을 편안하게 하기 위해 우비를 입은 사람들이 대부분이다. 심지어 귀찮았는지 천막도 치지 않은 채 비를 맞든 말든 시크하게 내버려둔 노점도 꽤 보인다. 상식적으로 비를 맞으면 절대 안 될 것 같은 라디오, 텔레비전 같은 전자제품들, 읽어야 하는 책들, 보관이 조심스러워야 할 것 같은 그림 작품까지. 모두 다 비를 맞으며 손님들을 기다리고 있었다. '비 맞아 다 젖은 책들을 누가 사?!' 라고 생각

한다면 큰 오산이다. 나또한 그렇게 생각하고 있었는데 그것은 틀에 박힌 고정관념에 불과했다. 비에 젖은 책은 햇빛에 잘 말리고, 빗물이 고인 유화 작품은 마른수건으로 닦으며, 물에 젖은 라디오는 전자상에서 고치거나 소품용으로 사용하면 된다. 이 모든 것이 '빈티지/앤티크의 매력'인 것이다.

　지나가다 내 눈에 한글로 된 포스터가 눈에 띄었다. 포스터를 전문으로 콜렉팅하던 할아버지가 제일 위에 올려둔 것은 '88 서울 올림픽'의 공식 포스터! 파리에서 만나는 88 올림픽이 신기해서 사진을 찍고 있는데 외국인들 눈에는 그 포스터가 특이하고 이국적으로 보였나보다. 가격을 물어보는 손님이 두 명이나 있던 걸!

인파를 헤치며 걸을 때 유난히 내 귀에 자주 들리던 이탈리아어. 알고 보니 이곳은 유럽 가운데서도 특히나 이탈리아 사람들에게 인기가 많다고 한다. 우선 파리라는 도시가 이탈리아에서 2시간 남짓 되는 시간의 비행이면 올 수 있는 가까운 곳인데다가 이탈리아 사람들 대부분이 앤티크와 빈티지에 관심이 높아 밀라노의 빈티지 마켓과는 또 다른 매력의 파리 빈티지 마켓을 느끼고 싶어서 즐겨 찾는다. 인테리어에 관심이 많은 부부나 가족, 친구들끼리 놀러 오면 일정 중의 하루는 꼭 이곳 방브 마켓을 둘러본다고. 이미 물건을 구입할 생각을 갖고 튼튼한 장바구니까지 따로 챙겨오는 사람이 있을 정도라고 한다. 부부끼리 '이 접시 어때', '저 조명은?' 이런 대화가 오가는 걸 보면 정말 부럽기도 하고 신기하기도 하다. 가족 단위로 많이 찾는 방브 마켓은 일본인들에겐 꽤나 유명해져 보이는 동양인은 90프로가 일본인이었다.

이곳에서도 의외의 소품들을 잔뜩 만났다. 세
라믹으로 만들어진 디즈니 플루토 강아지는 디즈니랜
드 정품으로 요즘은 쉽게 구할 수 없는 소장가치 있는
인형이다. 30유로부터 80유로 정도로 많이 비싸지는 않았다. 미키마우스, 미
니마우스의 경우 플라스틱 제품이라 좀 더 싼 대신 커플로 구입해야한다. 특
히 누가 타던 날이 녹이 다 슬어버린 스케이트를 보고는 깜짝 놀랐다. 이런
소품을 구입하는 사람이 있단 말이야? 주인 아저씨 말로는 다시 날을 갈아
다듬어 탈 수 도 있고, 무엇보다 한쪽 벽에 걸어두면 아주 멋스럽다고.

여름이면 새파란 나무들이 길게 잎을
드리우고, 가을이면 붉은 단풍으로 알록달록
곱게 물드는 방브의 가로수길. 그 사이로 빼
곡한 노점, 가게의 주인들은 99프로가 나이가
있으신 할아버지, 할머니들이다. 그들이 취급
하는 아이템들 또한 세월의 연륜, 흔적이 묻
어나는 물건들뿐이다. 몇몇 할아버지들은 비가 오
나 눈이 오나 항상 같은 자리에서 포커를 친다. 초록색 판 위에 카지노 칩을
잔뜩 올려두고는 카드 게임에 열중하는 할아버지들. '장사는 뒷전인가?' 하
는 생각이 들었다. 이 곳을 구경할 때 귓가에 배경 음악처럼 머물던 하모니
카 소리는 새 하모니카를 구입하기위해 테스트 중이던 할아버지의 연주였
다. 외롭고 힘들 때 쭉 하모니카를 불어 왔다는 할아버지의 연주 솜씨는 수

방브 벼룩시장

준급이었다. 오랜만에 들어보는 정겨운 하모니카 소리가 내 마음을 더 따뜻하게 만들어 주었다.

　　한창 마켓을 구경하고 길의 끝 무렵에 이르러 다음 길로 넘어가려는 찰나, 은은하게 피아노 소리가 귓가를 맴돈다. 벌써 수 십 년 째 같은 자리에서 마켓이 열릴 때 마다 연주한다는 할아버지! 회색 수염에 모자를 눌러 쓴 할아버지가 담배 하나를 입에 물고 연주하는 건 본인의 덩치와 비슷한 작은 피아노다. 그 실력 역시 수준급이다! 수만 명의 마켓 구경꾼들은 다들 한번씩 이 할아버지의 연주를 들어봤을 정도로 이미 방브 마켓의 '명물'이다. 감미로운 피아노 연주에 다들 자기도 모르게 멈춰지는 발걸음. 이내 한곡의 연주가 끝나자 사람들은 박수를 치며 돈도 주고 사진도 찍는다. 나무로 만들어진 피아노를 보고 있으면 세월의 흐름이 느껴진다. 할아버지가 얼마나 오랫동안 변함없이 이 자리에서 연주해 왔는지를 짐작할 수 있을 정도! 비가 오는 날에도 쉬지 않았는지 물에 젖었던 자국도 보인다. 매번 이 무거운 피아노를 어떻게 들고 오나 했었는데, 알고 보니 피아노 밑에 큰 바퀴가 있어서 수레를 끌듯이 끌고 오면 된다고.

Pte DE VANVES
04
nous aimons
nous participons
nous aimons,
nous soutenons
6e Festival

LE TIMBRE POSTE
르 팀브르 포스트

방브 마켓에서 만난 안드레아가 소개해준 맛집 '르 팀브르 포스트'! 펍 겸 레스토랑으로 마켓에서 10분 정도 걸으면 발견할 수 있다. 안드레아가 소개해준 레스토랑이니 만큼 믿고 시도했는데 정말 그 후로도 가끔씩 생각이 날 정도로 맛있었다. 게다가 점심시간에는 좀 더 저렴한 가격으로 식사를 제공하기 때문에 방브 마켓을 구경하고 식사를 하기에 딱 시간도 적당하다. 우선 외관을 보면 정신 없을만큼 수십 가지의 작고 아기자기한 빈티지 간판들이 화분들과 함께 달려 있어 한눈에 들어온다. 내부 인테리어 또한 1930년대의 광고 간판, 모형 비행기, 도자기 인형 등 친근하고 정감 가는 빈티지 소품 칼렉션들로 가득 차 있어 식사하는 내내 구경하느라 정신 없을 정도. 펍 답게 다양한 유럽 국가와 프랑스의 맥주가 구비되어 있고 하프 사이즈도 주문이 가능하다. 20유로면 배부르게 한 끼를 때울 수 있다. 신선한 샐러드와 부드러운 스테이크 요리를 추천. 메뉴의 경우 웹 사이트에 나와 있기 때문에 이곳에 갈 거라면 한번쯤 훑어보고 가자.

Address 1, rue Rouget de l'Isle 92240 Malakoff
Site http://www.autimbreposte.fr
Open Mon~Sun 09:00~02:00

LE FOURNIL DE VANVES
르 포흐닐 드 방브

방브 역에 내려 마켓으로 가는 길에 자리 잡고 있는 카페. 오전에 여는 방브 벼룩시장을 두세 시간 남짓 구경하다 배가 고파져 올 때나, 지른 아이템이 많아 적은 돈으로 점심을 때워야 할 때 주로 들리는 곳, '르 포흐닐 드 방브'. 그저 평범한 동네 빵집이지만 맛은 일품이다. 사실 체인점 빵집보다 그 자리에서 갖 구운 따끈한 빵과 케이크를 맛볼 수 있는 동네 빵집이 더 맛있다. 아이보리 바탕에 라벤더 컬러로 'Le

Fournil De Vanves'라고 적혀 있는데 여기서 'Fournil'은 '불을 때는 곳'이라는 의미를 지니고 있다. 다른 체인점 베이커리들처럼 가격을 부풀리지 않은, 적당한 가격이라 더욱 부담 없이 맛있는 케이크를 즐길 수 있다. 바게트 샌드위치의 경우 커피와 함께 5유로 안에서 배부른 한 끼가 가능하고 다양한 타르트와 밀피유도 맛볼 수 있다. 타르트의 경우 2유로대로 무려 다른 유명 베이커리의 반도 안 되는 가격으로 먹을 수 있다. 들어가기 전 문에 메뉴와 가격이 붙어 있는데 친절하게도 영어 메뉴도 따로 작게 붙여져 있다. 아무래도 방브 마켓 때문에 찾아오는 외국 관광객 손님들도 적지 않기 때문이겠지.

Address 3 place Poroute de Vanves–75014
Open Mon–Sat 07:00~18:00

치가 적합하다. 한국인들은 참치가 들어간 바게트나 햄과 치즈, 샐러드가 들어간 바게트 샌드위치를 많이 찾는 편. 달달한 것이 땡긴다면 타르트도 나쁘지 않다. 딱딱한 바게트가 씹으면 씹을수록 고소한데다, 잘라주기도 하기 때문에 친구와 나누어 먹을 수도 있다. 폴 역시나 테이블에 앉아서 먹을 때와 테이크 아웃 가격이 차이가 나는데 많은 파리지엔느들은 거리를 걸어 다니며 샌드위치를 먹으니 우리도 자유롭게 한 손에 바게트 샌드위치를 들고 이동하자. 아침에 눈 떠서 파리에서의 하루를 시작하기 전 폴에서 먹는 바삭바삭한 크로와상과 진한 에스프레소 한잔 세트면 그날 하루 종일 기분이 좋다. 밀피유나 마카롱, 에끌레르 등 다양한 디저트류도 준비되어 있으니 천천히 골라보자.

Site http://www.paul.fr/
Open Mon–Sun 08:00~19:30

PAUL

폴

'빵'하면 파리가 떠오를 만큼 빵을 사랑하는 파리지엔느들! 그들의 입맛을 사로잡은 국민 베이커리 '폴'. 무려 1889년에 열어서 이미 전 세계에 많은 체인점을 보유하고 있다. 심지어 한국에도 있는 폴은 동네마다 한두 개씩 자리 잡고 있고 접근성도 뛰어날 뿐더러 맛도 있다. 파리에서 꽤나 저렴하게 한 끼를 때울 수 있는 곳이기도 한데, 폴 근처에 가기만 해도 풍기는 갓 구운 빵 냄새에 파리에 들를 때 마다 홀리듯 찾게 된다. 5유로 전후로 속이 꽉 차 있는 바게트 샌드위치를 먹을 수 있다. 주로 점심이나 브런

방브 벼룩시장

Village St PAUL
23, 25, 27, Rue St Paul
4e ARR
RUE
St PAUL

조용한 예술 마을
고즈넉한 파리의 안뜰

빌라주 생 폴

    파리에 처음 왔을 때, '대체 무얼 보고 패션의 도시라 하는 거지?'하는 생각이 들었다. 그 정도로 너무나 평범하기 짝이 없던 파리지엔느들의 패션들. 그렇지만 마레 지구로 온다면 말이 달라진다. 파리의 옷 잘 입는 멋쟁이들은 죄다 여기 사는 것 마냥, 그동안 둘러보았던 관광지에선 볼 수 없었던 광경이 이곳 마레 지구에서 마구마구 펼쳐진다. 마레 지구는 런던의 소호처럼 게이들의 집결지이기도 해, 옷을 잘 차려입은 잘생긴 남자의 반 이상은 게이라는 슬픈 사실……. 골목골목 다니다 보면 트렌디하면서도 자유로운 분위기를 마음껏 느낄 수 있으며 중간중간 뜻밖에 만나는 빈티지 숍들은 정말 보물을 발견한 것 같은 기분을 느끼게 해준다. 마레 지구 내의 빈티지 숍 구경만으로도 시간가는 줄 모르고 금세 하루가 가버리지만 이왕 이곳에

Rue de Archives
LE Pain QUOTIDIEN
Rue Vieille du Temple
L'AS DU FALLAFEL
Rue des Rosiers
Rue Malher
Rue de Sevigne
Rue de Turenne
Rue de Rivoli
STARBUCKS COFFEE
VILLAGE St PAUL
M Saint-Paul
Rue Saint-Antoine
ENTREE BROCANTE VILLAGE SAINT-PAUL
Rue Charlemagne
Rue Neuve Saint-Pierre
EW
12
Rue Saint-Paul
Rue Charles V
Rue Beautreillis
Voie Georges Pompidou
Rue des Lions Saint-Paul
Sully Morland M

왔다면 근처의 빌라주 생 폴을 느껴보는 것도 좋다. 이곳에는 한두 달에 한 번 씩 랜덤으로 벼룩시장이 열리는데 일정한 마켓은 아니지만 마켓이 열릴 때도 열리지 않을 때도 볼거리들로 넘쳐난다. 매력적인 힙플레이스 '마레 지구'에서 도보로 5분 남짓 걸리는 이곳은 낡은 아파트 사이 작은 안뜰 몇 개를 중심으로 크지 않은 빈티지, 앤티크 숍 그리고 다양한 갤러리, 아뜰리에가 모여 있다. 유명하지 않은 신인 아티스트들의 다양한 작품 세계를 감상할 수 있고 번화한 마레 지구와는 또 다른 고즈넉한 매력에 빠질 수 있다. 원래 이곳은 1190년 필립 아우구스트^{Philippe Auguste}가 바이킹의 침략을 방어하기 위해 지었던 성채에 남아있던 집들로 후에 60여개의 작은 숍들이 생겨 하나의 아담한 마을^{빌라주}을 형성했다고 한다. 레드, 오렌지, 그린, 블루, 바이올렛 다섯 개의 안뜰로 구별되어져 있다. 아치형의 입구마다 빌라주 지도가 있으니 확인할 것. 생투앙과 방브 마켓에 비해 비교적 교통이 편리한 시내에 있다. 바쁜 파리 관광 일정으로 생투앙과 방브를 가기 힘든 친구들에게 마레 지구 혹은 시청 쪽를 관람할 때 잠깐 들르길 추천한다.

지하철 생 폴 역^{st. Paul}에 내려 회전목마 옆에 선다. 스타벅스를 길 건너편에서 바라보는 상태에서 오른쪽으로 걷다보면 푯말이 나온다. 다시 오른쪽으로 꺾어주면 빌라주 생 폴.

Site   http://village-saint-paul.com/

자유로운 분위기의 빌라주 생폴

마레 지구는 파리 관광 일정에서 빠
지지 않는 곳이기 때문에 그 근처의 빌라주
생 폴을 더욱 추천하고 싶다. 번잡한 마레 지
구에서 얼마 떨어지지 않았지만 또 다른 분
위기로 매력을 뽐내는 이곳. 인지도 있고 유
명한 빈티지, 앤티크 숍들이 줄지어 있어 볼
거리들이 넘쳐난다. 2007년 처음 파리를 갔
을 때 마레 지구에 가고 싶어 생 폴 역에 내
려 마레 지구를 찾아 헤맸던 적이 있다. 길
눈이 밝다고 자부했던 내가 방향감을 완전
히 잃어 반대쪽으로 가버렸는데 우연히 이
곳을 발견했다. 한눈에 쏙 들어온 노란색 표
지판에 'Brocante'라는 단어가 적혀있었는
데, 'Brocante'란 한국어로 '벼룩시장'이라는
뜻이다. 정말 벼룩시장이 열렸나? 하고 길을
따라가 만난 곳이 이곳 '빌라주 생 폴'이다.

골목을 꺾자마자 처음 만나는 'AUX COMPTOIRS DU CHINEUR'. 이곳은 문을 열자마자 들리는 턴테이블에서 흘러나오는 흥겨운 음악이 유쾌한 곳이다. 한쪽 모퉁이에는 LP 음반이 쌓여있고, 벽장 가득히 채워져 있는 빈티지 가죽 부츠, 빈티지 옷 몇 가지 그리고 아무렇게나 세워져 있는 기타와 각종 음향기기 등이 독특하다. 특히 쇼윈도의 독특한 디스플레이는 사람들의 이목을 끌어 그들을 숍 안으로 끌어들인다. 그중 빈티지 오토바이 헬멧들이 눈에 띄는데 흠집이 많이 나고 낡은 헬멧에 낙서나 스티커가 덕지덕지 붙었던 흔적이 세월을 가늠케 한다. 아무렇게나 널브러져 있는 엄청난 양의 빈티지 제품에 어지러울 정도지만 그게 매력이라고 하면 또 매력. 벽에 걸려 있는 액자 또한 주인 아저씨의 취향을 알 수 있다. 재밌고 신기한 오브제들이 많은 편.

LE CYGNE ROSE

그 옆에 바로 붙어있는 'LE CYGNE ROSE'. 이곳 생 폴 지역에 빈티지 숍과 앤티크 숍들이 모여들기 시작할 무렵인 1980년에 문을 열어 벌써 30년 이상의 역사를 자랑하고 있는 앤티크 가게다. '핑크 백조'라는 숍 이름 의미에 걸맞게 베이비 핑크빛 컬러의 페인트에 백조 마크가 네온사인으로 달려 있어 사랑스러운 분위기를 물씬 풍긴다. 영국인 클레어 아주머니가 운영하는 곳이며 아주머니의 성격답게 깔끔하게 정리정돈되어있다. 접시와 다양한 종류의 오브제를 주로 콜렉팅한다고. 불어가 서툴러 매번 언어에 많은 어려움을 겪었는데 다행히 영국인이라 안심이 되었다. 이미 일본의 책에 두어 번 소개가 된 적이 있는 이곳은 아주머니의 말에 따르면 "진정한 알라딘의 동굴"이다. 만화영화 알라딘에 나왔던 보물로 가득 찬 동굴과 같은 규모와 양을 자랑한다. 고양이를 좋아해서 고양이 형상의 세라믹 오브제들이 중간중간 함께 디스플레이 되어있다. 직접 손으로 하나하나 모양을 만들고 구워 페인팅한 거라 어느 하나 똑같은 모양과 컬러가 나올 수가 없어 유니크한 게 더욱 매력적. 고양이를 키우고 사랑하는 이들에게 인기가 많다는데 60년 넘게 제니 윈스탠리Jenny Winstanley 가족에 의해 만들어지고 있다. 크기에 따라 55유로부터 180유로까지 다양한 가격대를 자랑한다. 정말 나를 쳐다보고 있는듯한 고양이 눈망울을 보고 있으면 한 마리 데려가고 싶을 정도.

　　프랑스를 배경으로 한 아름다운 색감의 유화그림은 영국인 아티스트
'Cavan'의 작품들로, 10년 넘게 한 아티스트의 작품만 콜렉팅하여 조화롭고
통일된 분위기를 연출했다. 그 밖에는 프랑스제나 영국제 접시 세트가 주를
이룬다. 영국의 가정에서 흔히 쓰이던 티포트 세트를 주로 모아 놓아, 영국
의 티 문화를 사랑하고 즐기는 파리지엔느들이 많이 찾는다. 원하는 브랜드
나 스타일을 요구하면 클레어 아주머니가 런던에 갈 때마다 주의 깊게 살펴
보고 찾아온다고 한다.

평범한 듯한 파일을 열어보니 빈티지 카드 세트들이 꽂혀있다. 그곳에 샘플로 4장 정도만 꽂아두고 고객들이 원하면 따로 보관해 두었던 것들을 꺼내어 준다. 카드 같은 경우엔 한 장이라도 없어지면 그 가치가 떨어지기 때문에 이런 방식을 쓴다고. 빈티지 카드들은 다양한 나라에서 만들어져 왔고 콘셉트와 테마, 카드 제작 방법 또한 제각각이었다. 요즘은 구하기 힘들어져 더욱 가치가 높은데, 유명 인사들의 흑백 초상화를 넣은 카드 같은 경우엔 조커에 찰리 채플린이 있었다. 손으로 직접 일러스트를 그려 넣은 꼼꼼한 카드 세트도 있는 반면 유명인의 사진으로 대체되어있는 카드 세트도 있다. 1954년에 나온 파리의 일러스트 작가 'PHILBERT'의 오리지널 에디션 카드 세트는 핀업걸 일러스트가 예쁘게 그려져 있어 무지 탐이 났는데 네임 밸류와 제작년도, 퀄리티때문에 가격이 190유로나 했다. 그밖에도 뉴욕, 파리 등 여러 도시들의 사진이나 일러스트가 그려진 아름다운 카드 세트들도 많았다. 빈티지 카드 세트들이 인기가 많은 덕에 빈티지 제품은 아니지만 빈티지스럽게 제작한 최근 제품들도 인기가 높아지고 있다.

특별히 방금 막 가지고 왔다는 흥미로운 20년대 패션 종이인형 일러스트 책 'ERTÉ'를 소개받았다. 너무나도 정교하게 20년대 패션 디테일부터 액세서리까지 완벽하게 일러스트로 재현한 이 책은 종이인형 놀이를 하려고 자르기엔 너무나도 아까워 소장용인 셈. 영화 〈Midnight in Paris〉에서 마리옹 꼬띠아르가 입고 나오던 옷들을 그대로 그려놓은 듯한 느낌이다.

　　새도 박스 그러니까, 나무로 만든 진열장에 미니어처로 가득 채워둔 이것들은 아주머니의 오래된 친구 니콜의 작품. 오래된 빈티지 재료들을 이용하여 손으로 일일이 수작업한 세심하고 정교한 디테일이 볼만한데, 골동품 가게, 향수 가게를 앙증맞게 재현해 놓았다. 두 가지 사이즈가 있고 매번 다양한 테마를 가지고 작업하는데 가격은 평균 100유로 초반부터 시작하며, 본인만이 원하는 테마가 있다면 주문 제작도 가능하다. 패션 박스 시리즈인 루이비통, 샤넬, 디올, 에르메스 등의 부티크 박스는 제일 인기가 많은 시리즈들. 아주머니는 런던의 집으로 돌아갈 때마다 캠든 패시지 마켓을 항상 들르며 단골 가게도 있다고 한다. 영국제 접시 세트는 항상 그곳에서 사온다고 하니 앤티크, 빈티지 소품들은 어느 한 나라에 머물지 않고 돌고 도는 것 같다. 개인 책상 앞에는 손녀, 손자 사진을 가득 붙여 두었는데, 33년째 이곳에서 머물고 있지만 언제나 고향은 그립기 마련이라고.

다양한 아이템을 구비하고 있는 매장 'EW'

올리브 그린 컬러에 금속활자로 숍의 이름 'EW'가 심플하게 붙어있
다. 조그마한 가게에 빼곡히 예쁜 것들만 가득 들어서 있어 사진 찍을 것이
넘쳐 났던 이곳. 사방에 널려있는 소품들을 넘어뜨리거나 떨어뜨리지 않기
위해 몸을 사리며 조심조심 구경해야 했다. 18세기 무렵의 도자기, 유리 등
의 식기세트, 틴케이스, 캔들 스탠드, 액세서리 수납상자, 인형, 알파벳이 수
놓아진 천 조각, 앤티크 조명, 서랍장, 선반 등 여성스러운 디테일로 가득 찬
소품들이 많다. 하나하나 오너의 애정을 듬뿍 받은 이 컬렉션을 보
고 있으면 시간가는 줄 모르고 셔터를 막 누르게 된다. 사진에 담
고 싶은 것들이 어찌나 많은지. 아무 룰도 없이 나열되어있는
듯 하지만 그 안에 나름의 질서가 있다.

마치 몇 십 년 전 프랑스의 '문방구'에 온 것 같은 'Au Petit Bonheur La Chance' 역시 다양한 아이템이 가득한 보물 상점이다. 영어로는 'To the Small Happiness Luck'이라는 사랑스러운 뜻을 가지고 있는 이 가게는 초등학교 시절 동네 문구점, 아니 문방구를 떠올리게 하는 곳. 이곳에는 프랑스 학생들이 즐겨 쓰던 1950년의 오래된 빈티지 공책과 연필, 지우개, 낡은 가죽 필통, 다양한 종류의 자나무자나 플라스틱 삼각자 등, 요즘은 보기 힘든 견출지, 도장, 어린아이들이 색칠 공부할 때 쓰던 공책, 1930년대 학교수업에 사용되었던 그림차트 등 다양한 종류가 구비되어있는데 빈티지 제품이지만 사용하지 않은 새 제품들이라 실사용이 가능하다는 점에서 메리트가 있다. 뿐만 아니라 바느질 소품들도 구비되어있다. 빈티지 단추, 실패, 가위, 트리밍, 실크 리본과 모자 장식 그리고 파스텔톤 컬러의 멋스러운 프린팅의 대형 빈티지 지도 종류도 많은 편. 한쪽 벽면 가득 빽빽이 채우고 있는 40~50년대의 컬

빌라주 생 폴

: '생각지 않은 행운'이라는 뜻을 가진 상점

러풀한 밀크 볼 컬렉션과 키친 틴들은 이 숍을
대표하는 아이템일 정도로 정말 아름다운 것
들로만 가득 차있다. 선반 중간중간 키친 잡화
와 함께 나열된 빈티지 프렌치 에나멜 거리 번호

도 눈에 띄는 아이템. 짙은 코발트 블루 에나멜 메탈 소재에 하
얀색 번호 간판은 프랑스를 걸어 다니면 흔히 보이는 번지수를 나타내는 클
래식 간판. 물론 다양한 컬러를 자랑한다. 요즘은 이마저도 프랑스를 대표하
는 아이템이 되어 기념품으로 새로 생산되고 있지만 굳이 새것을 구입할 필
요가 있을까? 블로그를 보다보면 심지어 빈티지 프렌치 거리 번호 간판만
모으는 콜렉터도 발견할 수 있을 정도. 본인의 집 번호는 구하기 힘들어 무
작위로 수집한다고 하는 게 공감 가더라. 내 밀라노 집은 6번지인데 번호가
무작위라 참 찾기가 힘들었다. 네 번째 파리에 들렀을 때 드디어 찾게 되었
는데 다 같이 살고 있는 아파트 앞에 내가 붙일 순 없어 고이 집안으로 모셔
와 아직도 내 책상 위에 가지런히 놓여있다. 언제쯤 달수 있을지…… 이 프
렌치 에나멜 하우스 사인만 전문으로 하는 웹사이트도 있는데 빈티지 제품
만 취급하는 것이 아니라 고객의 주문에 맞게 원하는 번호나 글자를 새겨주
기도 한다. 또 탐나는 아이템으로 질 좋은 린넨들이 많은데 오래 쓸 수 있는
데다가 예쁘다. 이 사랑스러운 자수가 놓아진 린넨들은 화장실 한켠, 혹은
부엌 한켠에 살포시 놓아두면 파리 느낌이 물씬 날 듯 하다.

빌라주 생 폴

길 중간중간에 보이는 아치형의 입구가 본격적인 빌라주 생 폴로 들어가는 골목이다. 이곳 안으로 들어오면 바깥 세상과는 다른 분위기의 조용한 정원이 펼쳐지고 여느 다른 마켓들과 다르게 차분하고 조용한, 시간이 멈춘 듯한 안뜰이 펼쳐진다. 사이사이 천막들이 들어서고 노점들이 천막 아래서 각자의 개성대로 빈티지, 앤티크 소품들을 팔고 있다. 복잡하고 정신없는 마레 지구와 5분도 떨어져 있지 않다는 게 믿기지가 않는다. 이곳이야말로 '파리, 걸으며 즐기기' 라는 콘셉트가 어울릴만한 곳. 우리나라의 장흥 아트센터 같이 예술가들이 작업도 하며 동시에 전시와 판매가 이루어지는 곳이다. 아기자기한 카페들이 곳곳에 자리 잡고 여유롭게 커피 한 잔 즐기며 파리지엔느들의 소소한 삶을 관찰 할 수 있는 곳.

F R E
S P E C

그중 눈에 띄는 'LIMA SELECT'는 일본과 프랑스를 오가며 모아온 19세기와 20세기의 앤티크 소품을 파는 곳으로 덩치 크고 수염이 덥수룩한 아저씨가 오너. 간판에도 TOKYO-PARIS가 적혀 있다. 안에 들어가면 다양한 종류의 인형들이 빼곡히 차있고, 군데군데 앤티크 시계들과 가구, 조명 등의 소품들이 자리 잡고 있다. 동양적인 분위기가 물씬 풍기는 만큼 일본의 19세기 앤티크 서랍장이나 일본 전통의상 기모노를 갖춰 입은 전통 앤티크 인형들을 만날 수 있는데, 오너 아저씨는 일본의 매력에 푹 빠져서 심지어 일본에 몇 년 살기도 했다고. 내가 숍 안으로 취재 겸 구경하러 들어갔을 때는 마침 일본인 아주머니 두명이 아저씨랑 얘기를 나누고 있어서 아저씨의 일본어 구사 능력에 깜짝 놀랐다. 파란 눈의 서양인이 동양의 언어를 구사할때는 너무나 신기하고 새롭다.

SELECT
TOKYO - PARIS
Antiquités du 19e & 20e

L'AS DU FALAFEL
라스 뒤 팔라펠

마레 지구는 유대인들의 거주 지역인 만큼 다양한 팔라펠 전문점이 많은데 그중 유난히 인기 많은 이곳 '라스 뒤 팔라펠'. 1974년에 오픈한 전통적인 마레의 맛집으로 대부분의 여행 책자나 블로그에서 꼭 한번씩은 언급되는 이곳은 록커 레니 크레비츠의 단골집이기도 하다. 그 명성에 맞게 무심코 지나가다가도 길게 늘어선 줄 때문에 한눈에 알아볼 수 있는 라스 뒤 팔라펠! 여기서 팔라펠이란 중동식 샌드위치로 고기를 먹지 않는 유대인들을 위한 음식이다. 으깬 병아리콩과 다진 야채로 만든 작고 동그란 경단을 기름에 튀긴 다음, 피타라는 빵을 반으로 갈라 경단과 각종 야채, 다양한 소스를 넣은 것이다. 기호에 맞게 베지테리안, 쇠고기, 닭고기 등 다양하게 선택할 수 있는 폭이 넓은 데다 양 또한 한 끼 식사를 대신할 수 있을 만큼 많아 간단하게 맛만 볼 것이라면 친구와 함께 나누어 먹는 것이 좋다. 테이블에 앉아서 먹는 경우와 테이크 아웃일 경우의 가격은 차이가 있다. 테야크 아웃은 5유로부터 7유로 정도이고, 피타빵 안에 싸서 먹는 것이 아닌, 접시에 오픈해서 테이블에서 먹는 경우는 두배 가격부터 시작. 테이크 아웃 줄은 항상 길지만 언제나 그렇듯이 빨리 빠지는 편이니 조금 참고 기다려 세계 최고라고 불리는 팔라펠을 맛보자.

Address 34 Rue des Rosiers, 75004 Paris
Open Mon–Sun 11:00~19:00
　　　　Sat close

LE PAIN QUOTIDIEN
르 뺑 꼬띠디엥

뉴욕, 런던, 파리 등 다양한 곳에서 이미 인기를 얻고 있는 곳! 줄여서 '르 뺑'이라고도 한다. 파리에도 여러 지점이 있는데 그중 내가 즐겨 찾는 곳은 마레 지구 '르 뺑'이다. 본래 벨기에 브랜드이며 한국뿐만 아니라 세계적인 붐인 '유기농' 재료를 사용하는 곳으로 파리지엔노들의 사랑을 듬뿍 받고 있다. 나는 런던의 코벤트 가든에서 '르 뺑'을 처음 접했는데 글쎄, 런던 '르 뺑'은 스콘이 어찌나 맛있는지! 단번에 반해버렸고 그 후에 우연히 지나가다 마레 지구에서 발

견하고는 당장 들어갔었다. 마레 지구에 있으니 런던과는 또 다른 분위기를 연출한다. 입구를 가득 매운 갓 구운 빵들과 와인 병, 잼 병 등은 왠지 모르게 프랑스다운 분위기를 연출한다. 특히 마레 지구의 시작점에 위치해 있어, 날씨 좋은 날에는 노천 테이블에 앉아 개성만점 파리지엔느들이 마레 지구로 들어오는 모습을 구경하며 햇살을 쬐기도 한다. 노란 벽에 앤티크한 원목 가구, 라탄 바구니에 담긴 크로와상 세팅은 정말 포크보다 사진기를 먼저 들게끔 한다. 마레 지구에 가면 많게는 하루에 두 번씩 드나들 정도. 주로 브런치나 브랙퍼스트 세트를 먹고 오후에 한번 더 티 한잔을 하러 간다. 기본 브랙퍼스트 세트의 경우 간단하게 파리지엔느들이 아침으로 즐겨먹는 크로와상, 바게트, 호밀빵과 시원하고 신선한 주스와 따뜻한 음료(아메리카노, 카푸치노 등)가 한 세트. 기존에 같이 나오는 버터도 부족하면 언제든지 더 달라고 할 수 있다.

Address 18–20, rue de Archives 75004 Paris
Open Mon~Sun 08:00~22:00
Budget 5유로부터

AU PETIT FER A CHEVAL

오 쁘띠 뻬흐 아 슈발

'작은 말발굽'이라는 재밌고 독특한 뜻을 지닌 이곳은 마레 지구에서 꽤나 유명한 맛집 중 하나. 소박하고 작지만 유명한 가게라 아무에게나 가게 이름이 적힌 종이만 내밀면 바로 길을 알려줄 정도다. 이미 여러 관광 책자에도 소개된 적이 많다. 진초록색 천막에 하얀색 글씨가 적혀있어 한눈에 쉽게 찾을 수 있는 편. 실내 테이블도 있지만 야외 테이블에 앉아 지나가는 사람들을 구경하며, 이곳의 유명 메뉴인 '연한 송아지 안심스테이크(Filet Mignon de Veau)'를 먹으면 정말 좋다. 이곳을 대표하는 메뉴답게 송아지 스테이크는 부드럽고 연하다. 플레이트에 함께 나오는 감자튀김과 각종 채소 역시 평소에 채소를 싫어하는 사람도 스테이크와 함께 잘 넘어가게 만들었다. 참고로 스테이크를 얼마나 익힐지에 대해선 묻지 않는다. 한국인 관광객이 많이 오는 바람에 동양인만 보면 이 메뉴를 추천하는 웨이터가 있을 정도. 식전 바게트도 바삭하니 맛있고 버터를 함께 요구할 수 있다.

Address 30, rue Vieille du Temple
Open Mon~Sun 09:00~02:00

빌라주 생 폴

BREIZH CAFÉ
브르이즈 카페

요즘 유럽에서는 팔라펠과 크레페가 유행인데 프랑스 블로거들 사이에서 파리 최고의 유기농 크레페&갈레트 집이라고 불리는 곳이 바로 여기 '브르이즈 카페'이다. 메스컴을 타면서 엄청 유명해져 점심 때는 웨이팅이 1시간일 정도. 메밀 생산지로 유명한 프랑스 북서부 브루타뉴 지방의 분위기와 맛을 토대로, 도쿄에 1호점을 개점한 후 호평을 얻고 본고장 브루타뉴에 2호점. 파리 마레 지구에 3호점을 개점한 곳이다. 독특한 그림과 포근하고 따뜻한 인테리어로 로컬뿐만 아니라 한국인 파리 유학생들에게도 인기 만점. 아이스크림이 올라가기도 하는 달달한 토핑의 크레페는 우리나라에서도 와플과 함께 간간히 찾아볼 수 있어 익숙한 반면 갈레트는 생전 처음 들어보는 음식이었다. 갈레트는 밀가루가 아닌 메밀가루를 반죽으로 사용하여 만든 디저트로 크레페와는 다른 짭짤한 음식. 바삭바삭하고 씹을수록 고소한 갈레트 안에 토핑역시 다양한데, 컴플레뜨(콤비네이션)나 치즈베이스, 베이컨, 버섯, 마늘 토핑이 인기 메뉴. 갈레트의 경우 사과와인 'Cidre(씨드르, 알코올 농도 2%)'를 함께 마시면 찰떡궁합이다. 사실 길거리에 서서 먹는 크레페 가격에 2,3유로만 더 주면 앉아서 아늑한 공간에서 먹을 수 있다는 메리트가 있어 크레페 혹은 갈레트를 먹을 경우 이곳을 추천한다. 이곳은 특별하게 유리병에 물을 담아 무료로 제공하는데 그래도 다른 음료를 주문하는 게 매너. 모퉁이에 위치해 찾기도 쉽고 메뉴판은 불어, 영어, 일본어 세 가지 버전이 있다. 점원들 역시 영어를 하는 편이라 걱정할 필요가 없다.

Address 109 Rue Vieille du Temple 75003
Site http://www.breizhcafe.com/
Open Mon~Sun 09:00~21:00

Ne soyez pas timides
demandez nos
CHEQUES CADEAUX
Paris
vintage
shop

L'Objet Qui Parle

아베스(Abbesse) 지구는 한가하고 조용한 분위기의 작은 마을 같다. 몽마르뜨에서 내려오다 보면 골목골목 작고 예쁜 빈티지 & 앤티크 숍들을 만날 수 있다. 비탈길을 내려가다 보면 중간에 위치하고 있는 작은 앤티크 상점 'L'Objet Qui Parle'! 인도의 반을 가득 채울 만큼 상점 앞은 각종 앤티크 소품이 디스플레이되어있어, 지나가는 누가 봐도 이곳이 앤티크 숍이라는 것을 쉽게 알 수 있을 정도이다. 원래 오픈시간보다 한참을 더 기다려 만난 인상 좋은 오너 도미니크 아저씨! 덕분에 만족할 때까지 사진을 찍고 취재를 했다. 부엌 소품을 메인으로 그 밖의 다양한 것들을 모았다고. 친구 집에 놀러 온 것처럼 아늑하고 따뜻하면서도 동시에 알 수 없는 신비로운 분위기를 연출하는 이곳. 샹들리에 크리스탈이 달린 빨간 양초 조명은 제일 마음에 들었던 소품. 신성한 기분이 드는 종교관련 오브제들, 관심 없던 사람도 갖고 싶게 만드는 식기 세트들은 이곳의 주요 아이템. 소품들이 아슬아슬하게 쌓여있어 혹여 사진을 찍다 스쳐서 깨뜨리진 않을지 내내 조심스러운 몸짓으로 움직였다.

Address 86, rue des Martyrs 75018 Paris
Tel 06 09 67 05 30
Open Mon–Sat 13:00~19:30

TOMBÈES DU CAMION

이곳은 파리에만 베흐나종 스탠드를 포함해서 세 군데의 숍이 있다. 몽마르트 언덕에서 다른 숍 취재를 마치고 물랑루즈 방향으로 내려가는 길목에서 우연히 내 레이더망에 포착된 곳. 근데 이거 이상하다! 어디서 많이 본 듯한 곳인데? 하고 살펴보니 베흐나종 마켓에 있던 곳과 같은 곳이라고 설명해주는 오너의 말에 그제서야 어디서 봤는지 기억이 나더라. 주말과 월요일만 여는 베흐나종의 스탠드와는 달리 매일 열기 때문에 몽마르트 언덕을 찾아오는 관광객 손님들로 꽤나 붐빈다고 한다. 색이 바랜 에메랄드색의 숍 프레임에 다양한 종류의 서체를 뒤죽박죽 붙여 놓은 녹슨 활자 간판이 독특하다. 다양한 종류의 빈티지 단추, 골드나 가죽 디테일의 아동용 빈티지 시계, 새끼손톱보다 작은 인형을 파는가 하면 물 빠진 동그란 종이상자에 빈티지 라벨이 붙어 있는 몇 십 년 전 약통, 빈티지 식전 와인 병, 내가 좋아하는 플레이모빌, 100년도 더 넘은 머리만 있는 인형 등 신기한 소품이 가득하다. 디스플레이 또한 하나의 전시를 보는 마냥 기이하고 독특해 셔터를 누르기만 하면 죄다 마음에 드는 사진이 되어 버린다. 이 수많은 빈티지, 앤티크 소품 중에서도 눈에 띄었던 것은 진짜 담배가 들어 있는 빈티지 담배들. 대략 1960년대에 군인들에게 제공되던 군용 담배인데 여전히 케이스가 뜯겨지지 않은 채로 보관되어 있다는 게 재밌다. 취재용 사진이라 하니 점심으로 바게트 샌드위치를 먹고 있던 오너가 먹는 것도 잠시 미뤄두고는 이래저래 더 나은 디스플레이를 위해 함께 상의해 줄 정도로 친절하고 센스 있다.

Address 15–17, rue Joseph de Maistre 75018 Paris
Tel 06 62 07 20 87
Open Tue–Fri 13:00~20:00
      Sat, Sun 11:00~20:00

Et Puis C'est Tout!

간판은 떨어졌는지 눈씻고 찾아봐도 없고, 상큼한 크림 옐로우 컬러 페인트는 칠이 슬슬 벗겨지고 있는 이곳 'Et Puis C'est Tout!'는 '그리고 나서 모두!'라는 독특한 의미를 가지고 있는 앤티크 숍이다. 앞서 소개한 두 숍에 비해 넓고 커다란 쇼윈도 덕분에 한눈에 쉽게 들어온다. 창이 커서 그만큼 밝고 환한 내부에는 50~70년대의 잡화와 광고 관련 소품이 가득하다. 한쪽 벽돌 벽 앞에 세워진 선반에는 다양한 식기와 주전자, 재떨이와 독특한 오브제들이 진열되어 있고, 60년대의 빈티지 열쇠고리들을 모아둔 판이 몇 개나 보인다. 식기에 어울리게 각종 음료수, 주류 등의 광고판이 있는데, 내가 좋아하는 페리에의 경우엔 70년대 페리에 홍보용 백팩 컬렉션도 눈에 띈다. 이 숍에서는 아주 특별한 이벤트가 항상 진행되고 있다는데, 그것은 바로 숍 오너가 비밀리에 숨겨둔 '0유로'의 소품이다. 마치 진짜 보물섬에서 '보물찾기'를 하는 것 마냥 이런 재미있는 아이디어는 손님으로 하여금 빈티지, 앤티크와 더 가까워지게 하는 계기가 되기도 한다니 오너 아저씨의 의도가 참 괜찮다. 나도 한번 시도해 봤는데 꽝. 여러분들도 가서 한 번쯤 0유로의 보물을 발견해 보길 바란다.

Address 72, rue des Martyrs 75009 Paris
Tel 01 40 23 94 02
Open Mon 14:00~19:00
        Tue–Sat 12:00~19:30

Alasinglinglin

어쩜 겉에 칠해진 파스텔톤 하늘색 페인트조차 내가 좋아하는 색감으로 쏙 뽑아냈는지. 숍의 이름보다 'BROCANTE'라는 글자가 먼저 눈에 띄는 이곳 'Alasinglinglin'. 빈티지 디자인 소품, 오브제들이 주 아이템으로 의자, 탁자, 협탁, 서랍장, 조명 등 50~70년대의 부피가 큰 앤티크 소품이 대부분이다. 특히 파리의 '보보'들에게 큰 인기를 끌고 있는 곳이다. 여기서 '보보'란 '부르주아 보헤미안'의 말머리를 따서 만든 신조어로 한마디로 부유층의 사람들이 겉으로는 마치 보헤미안 같이 보여 부유해 보이지 않는 새로운 스타일의 세대를 말한다. 내부엔 컬러풀한 색채들이 가득해 눈이 즐거운 이곳. 벽에 세워두기만 해도 하나의 디자인이 되는 커다란 알파벳 활자들의 인기가 요즘 치솟고 있다고 한다.

Address 14, rue Ternaux 75011 Paris
Tel 01 43 38 45 54
Open Tue–Fri 12:00~19:00
       Sat–Sun 14:00~19:00

Belle Lurette & Trolles Et Puces

빈티지&앤티크 상점 'Brocante'들이 모여 있는 'Marchè Popincourt' 중에서도 가장 큰 규모를 자랑하는 이곳 'Belle Lurette'. 세월의 흐름이 느껴지는 낡은 목재 외관이 독특했다. 특별한 쇼윈도나 이곳이 가게임을 알리는 간판이 없어 문을 열지 않은 줄 알고 돌아갈 뻔했을 정도. 1930년대 유리 제품부터 50년대 대형 전기 스탠드와 각종 조명, 샹들리에, 유화, 오브제 등으로 가득 차있다. 사실 한 가게인줄 알고 들어갔는데 내부는 두 개의 가게로 나누어져 있다. 낡고 녹슨 의자와 협탁, 책상 위에 올

파리 빈티지 숍

려진 스탠드도 함께 어우러져 빈티지스러움이 물씬 난다. 컨테이너를 하나 짜서 전부 넣고 한국으로 부치고 싶을 정도로 너무나도 사랑스러운 앤티크 가구들로 가득 차있다. 철제 서랍장 같은 소품들은 요즘 한국에서 유행하는 컨테이너 테마의 인테리어 카페에 참 잘 어울릴 것 같다. 고작 녹슬고 낡은 철제 소품이지만 아이보리, 파랑, 빨강의 조화가 멋스럽다. 다양한 부엌 소품, 지구본 조명, 60년대의 스케이트 등 색깔조차 감각적인 오브제들이 가득.

Address 5, rue du Marchè Popincourt 75011 Paris
Tel 01 40 21 87 47
Open Tue-Fri 12:00~19:00
      Sat-Sun 14:00~19:00

RECYCLING

앤티크 상점 겸 아뜰리에(작업실)인 'Recycling'은, 'Popincourt'에 처음 'Brocante'들이 모여들던 초창기부터 몇 년 간 자리를 지키며 이곳의 중심에 서있다. 가게 내부는 두개로 나누어져 있는데, 오래되고 낡은 철제 구급상자를 비롯하여 구급상자의 십자표시를 이용한 조명, 진짜 신호등, 건물 외벽에 붙어 있어야 할 것 같은 멋스러운 램프들이 이곳의 메인 아이템. 이곳의 또 다른 메인 아이템인 'Cling – Cling'은 20센티미터 정도 크기의 면 100퍼센트로 수작업된 귀여운 토끼 캐릭터 인형. 아이들을 위한 장난감이 아닌 그저 장식용, 소품용이다. 이곳에서도 대형 알파벳 활자 소품을 볼 수 있는데 조금 더 컬러풀한 것이 많은 편. 뭐든지 본인의 손을 거치는 걸 즐기는 숍 오너 도미니크 씨의 손재주 때문에 창의적인 활동이 가미된 독특한 분위기를 가지고 있는 숍이다.

Address 3, rue Neuve Popincourt 75011 Paris
Tel 01 48 06 59 47
Open Tue–Fri 12:00~19:00
　　　　Sat–Sun 14:00~19:00

나빌리오 마켓

세니갈리아 마켓

브레라 마켓

밀라노 빈티지 숍

ITALY

세상의 모든 도시들 중에 '패션의 도시'를 꼽으라면 단연 밀라노다! 고딕 양식으로 지어진 엄청난 규모의 두오모 성당을 중심으로 형성되어 있는 밀라노는 말 그대로 과거와 현대가 공존하는 도시다. 도시 중심을 흐르는 큰 강은 없지만 작고 잔잔한 나빌리오 운하를 중심으로 아기자기한 볼거리들이 넘쳐나는 사랑스러운 곳. 이곳에서 살았던 6년 동안 이 도시는 전혀 변하지 않으면서도 늘 새로운 모습을 나에게 보여준다. 앞으로 10년은 더 살아도 지겹지 않을 것 같다.

RISTORANTE
3 GALLI D'ORO
BOLOGNA

나빌리오 마켓

　'나빌리오'란 이탈리아어로 운하란 뜻을 갖고 있는데, 이곳은 옛날 두오모를 짓기 위한 대리석을 운반하기 위해 만들어진 운하이다. 이 운하를 사이에 두고 양쪽으로 작은 화랑들과 앤티크 숍들이 즐비하기 때문에 예술가와 젊은이들의 사랑을 받는 곳이기도 하다. 나빌리오 마켓은 밀라노 최대의 빈티지 마켓으로 평소에는 예술가들이 꿈을 파는 곳이지만, 매월 마지막 주 일요일에는 약 2킬로미터에 이르는 거리에 350~400개의 상설 노점들이 문을 연다. 밀라노 근교뿐만 아니라 이탈리아의 다른 도시의 상인들도 나빌리오 마켓에 자리를 잡는다. 특히 날씨가 화창한 날이면 일반인뿐만 아니라 관광객, 패션계에 종사하는 디자이너, 학생들도 아이디어를 얻기 위해 찾아온다.

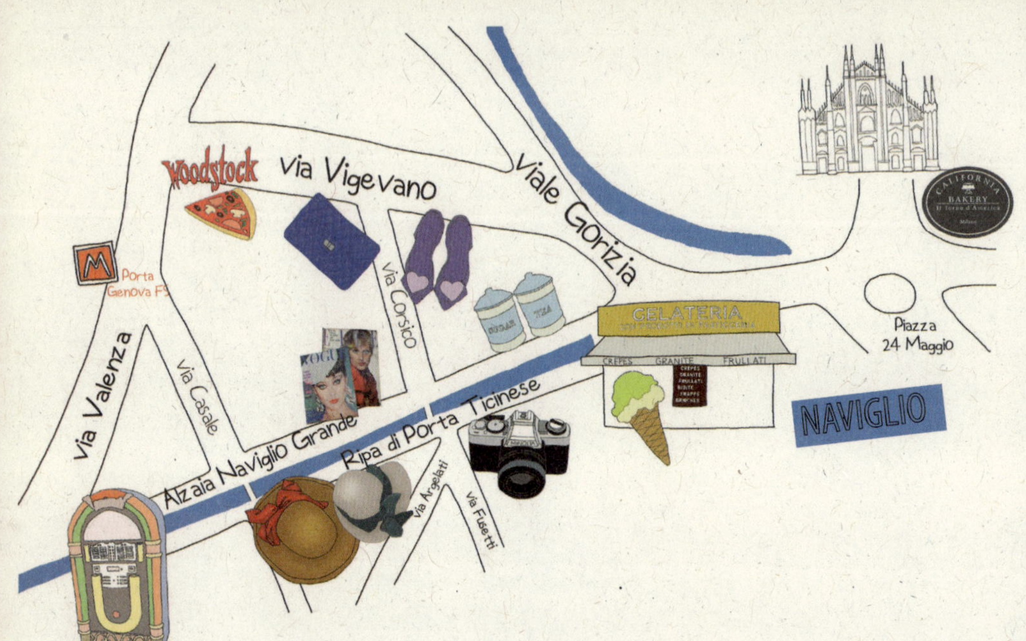

나빌리오 빈티지 마켓에는 50~80년대 빈티지 의상과 가방, 소품, 주얼리 등의 볼거리가 다양하며, 명품의 나라답게 모스키노, 샤넬 등 명품 빈티지도 많이 볼 수 있다. 그 외에 가구, 인테리어 소품, 책 등 없는 게 없다. 또한 젊은 아티스트들이 직접 만든 액세서리 및 수공예품도 볼 수 있는데, 이런 옛것과 현대의 조화는 밀라노라는 도시와 무척 닮아있다. 남들과 차별화되는 개성을 즐기고 싶다면 나빌리오 빈티지 마켓을 꼭 추천하고 싶다.

아무래도 요즘은 관광객 사이에서 유명해진 만큼 상업화되어가는 중이라 가격대가 싼 편은 아니지만 워낙 보관상태와 퀄리티가 좋아서 구입할 가치가 있는 물건이 많다. 흥정도 어느 정도 가능하며 카드로도 결제가 가능하다는 게 커다란 장점! 유명 브랜드의 옷이나 신발 중에는 택을 떼지 않은 새 제품도 종종 볼 수 있다.

정신없이 보물들을 찾다가 지쳤을 때 문득 고개를 들어 고즈넉이 흐르는 강의 이국적인 정취도 흠뻑 느껴보자. 그제서야 내가 여행자라는 것을 실감할 수 있다. 빈티지 마켓을 구경하다 보면 패셔너블한 밀라네제들을 만날 수 있는데 그들도 이 나빌리오 마켓만은 빠지지 않고 찾아와 특별한 아이템을 찾기 위한 수고를 아끼지 않는다. 그들의 패션도 눈여겨 보다보면 당신의 감각도 한 단계 업그레이드되지 않을까?

지하철 초록색선 포르타 제노바 역porta genova에 내려서 에스컬레이터 출입구로 올라온 뒤 오른쪽 방향 비아 비제바노via vigevano 길로 10분정도 걷다보면 운하의 시작 지점이 보인다.

| Site | http://www.navigliogrande.mi.it/ |
| Open | 매달 마지막 주 일요일에 열리나, 크리스마스 땐 한 주 앞당겨 열고 7월 마지막 주는 열리지 않는 등 예외가 있으니 홈페이지를 확인할 것! |

: 운하를 중심으로 펼쳐진 나빌리오 마켓

골목별로 비슷한 제품군을 늘어놓고 파는 편이라 옷, 가구, 소품 등 원하는 품목별로 둘러볼 수 있는 나빌리오 마켓. 6년 전 처음 밀라노에 도착했을 때 커다란 이민 가방은 집에 던져버리고 무작정 여행 정보서 하나, 지도 한 장만 챙겨 집을 나섰다. 그리고 그동안 가보고 싶었던 벼룩시장을 찾아 무작정 발걸음을 옮겼다. 아무리 밀라노가 서울보다 좁다고해도 지하철이나 버스를 이용하지 않고 길 하나하나 외워가며 이동하다보니 나빌리오 지구에 도착하는데 장장 5시간이나 걸렸다. 처음 만난 밀라노의 새파란 하늘과 노랑, 주황 알록달록한 건물들, 조용히 흐르는 운하 그리고 눈앞에 펼쳐진 진정한 유럽의 활기찬 벼룩시장은 낯선 곳에 도착한 첫날부터 나를 흥분케 했다.

초록색선 포르타 제노바 역^{Porta Genova} ^{FS}에서 나와 오른쪽으로 고갤 돌리면 바로 나빌리오 마켓의 중간부분이 눈앞에 펼쳐진다. 중간부분의 시작인 '비아 카살레^{via casale}'

에 들어서면 인테리어 소품과 빈티지 가구 위주의 노점들이 많이 보인다. 중간 중간엔 옷과 액세서리를 파는 곳도 있지만 패션에 더 관심이 많은 사람이라면 옆 골목 '비아 코르시코*via corsico*'를 먼저 방문하길 추천한다. 반대로 패션에 집중하기 보단 전체적인 마켓을 알차게 보고 싶은 관광객이라면 마켓의 시작 지점인 '리파 디 포르타 티치네제*ripa di porta ticinese*'에서부터 운하 양쪽 메인 스트리트만 구경해도 두세 시간은 금방 흘러가버린다.

메인 스트리트에 처음 발을 내딛으면 보이는 단추, 액세서리 자재를 파는 곳. 빨주노초파남보 알록달록한 비즈들에 눈이 즐겁다. 이 자재들로 예쁘게 목걸이를 만들어 샘플을 팔기도 한다. 특히나 빈티지 단추 경우에는 종류가 수천가지에 달할 뿐더러 고작 한 두 개 밖에 없는 단추들도 있어 유니크한 단추를 사고 싶은 사람이나 패션 전공자들이 꼭 들르는 곳이다. 나도 졸업 작품에 쓸 단추를 여기서 샀다. 딱 내가 찾고 있었던 느낌의 단추가 있었는데 무려 단추하나에 20유로_{한화로 3만5천원정도}나 하던 걸 겨우 깎고 깎아서 18유로에 사서 즐거워했던 기억이 난다. 사실 셔츠 하나를 모두 그 단추로 달아주고 싶었지만 비용이 부담스러워 포인트 단추 하나만 샀다는 슬픈 추억이 있다. 단추 하나의 가격은 1유로부터 20유로! 혹은 그보다 더 비싸고 값진 것중에는 10만원을 훌쩍 넘어버리는 것도 있다. 엄지 손톱만한 크기의 작은 단추 위에 꽃이 섬세하게 수놓아져 있기도 하고 사냥개, 멧돼지, 사슴 등 사냥과 관련된 동물들이 정교하게 새겨져 있다. 참 깨알 같이도 새겨두었더라. 이런 동물이 새겨진 단추는 중세시대 사람들이 사냥을 갈 때 입던 재킷에 사용했던 것들이라고 한다. 1920년대에서 1980년대까지의 물건인 자개, 진주, 유리 등 다양한 재료들이 가득 차 있다. 액세서리 함에 색깔별, 테마별로 센스 있게 정리해두어 필요한 걸 요구하면 바로 찾아주기도 한다. 색이 바랜 것마저도 빈티지 효과가 배가 되니 지루해진 옷에 단추 하나 다는 것만으로도 새로운 옷이 된다. 엄마와 딸이 함께 운영하는데 모녀가 하나의 공동 관심사로 함께 즐길 수 있다는 게 부러웠다.

이곳에서는 단추뿐만 아니라 벨트 버클, 앤티크한 브로치들 그리고 자잘한 액세서리들을 만날 수 있다. 브로치는 단추와 함께 옷을 빈티지하게 만드는 일등 공신들이니 매의 눈으로 잘 골라보자. 앤티크한 브로치들은 변화를 주고 싶은 재킷의 칼라 부분에 하나 달아주면 한껏 빈티지스러워진다.

나빌리오 마켓

이탈리아는 앤티크 주얼리들이 유명하다. 그만큼 브로치, 귀걸이, 반지 등의 주얼리를 많은 노점에서 팔고 있는데, 어렸을 적 엄마의 화장대 위 보석함을 몰래 열어 보았을 때의 황홀함을 다시 느끼게 해주는 아름다운 것들로 가득 차있다. 대대로 물려주고 물려줘서 지금까지 여전히 그 반짝거림을 간직한 채 또 다른 주인을 기다리고 있는 역사 깊은 주얼리들. 내 딸들에게 물려줘도 값질 것 같은, 시대를 아우르는 매력의 빈티지/앤티크 주얼리. 요즘 유행하는 빈티지 스타일의 주얼리들은 모두 이탈리아의 18세기 후반~19세기 유행에서 모티브를 얻었다. 100년이 넘었지만 지금 착용해도 촌스러움 하나 없이 오히려 세련되어 보일 정도다. 이탈리아를 침공했던 나폴레옹은 '카메오cameo'에 반해 많은 카메오 작품들을 프랑스에 가지고 갔으며, 심지어는 파리 보석 조각 학교 설립을 보조했다고 한다. 여기서 카메오란 접시조개 껍질이나 산호 마노의 표면에 양각으로 조각하여 만든 보석이다. 조각되는 것은 주로 초상이고 아마 누구나 한번쯤은 본 적이 있을 거라고 생각한다. 1800년대 초반에는 중세풍이 여전히 유행하여 중세 신화 및 전설에 나오던 동물들을 조각했고, 보석은 바로크 진주와 장미 빛깔의 다이아몬드를 주로 사용했다고 한다.

빈티지 주얼리 역사에는 샤넬이 빠질 수가 없다. 샤넬의 주얼리는 주로 비잔틴 모자이크와 스테인드글라스 같은 요소에서 영감을 받아 제작되었다. 그 외 코스튬 주얼리는 80년대에 부활되어 엄청난 인기를 끌었으며 이때

나빌리오 마켓

가장 많은 코스튬 주얼리가 제작되었다고
한다. 그래서 아주머니가 가지고 있는 브로
치들의 대다수는 80년대 제품. 때에 따라서
시즌에 맞는 주얼리를 만나 볼 수 있는데 크
리스마스 시즌에는 눈사람, 크리스마스 트
리, 산타 디자인의 브로치들이 인기가 많다.

어렸을 적 한복 저고리에 브로치로
멋을 낸 할머니의 사진을 발견한 적이 있었
다. 그래서 개인적으로 브로치란 조금 올드
하다는 편견을 버리지 못하다가 약 2년 전
부터 브로치의 매력에 빠져들어 하나씩 구
입하고 있다. 평범하게 블라우스 왼쪽 가슴
에 달아도 예쁘지만 재킷이나 셔츠의 깃, 앞
주머니 혹은 머플러 등에 서너 개씩 크고 작
은 것들을 믹스해 달았더니 다들 예쁘다고
칭찬해 주었다. 지금 당장 옷장을 열어 지켜
워진 아우터를 꺼내 빈티지 마켓에서 득템
한 브로치를 달아보자. 아마 새로운 옷을 산
것 마냥 또 다른 느낌으로 다가올 것이다.

주위를 둘러보면 커피 그라인더, 조미료 통, 다양한 무늬의 커피 잔, 와인 잔, 저그 등 주방 관련 용품을 파는 노점이 보인다. 특히나 와인 잔들은 1800~1940년대까지의 제품들로 다른 곳에서 흔히 볼 수 없는 가치 있는 것들이 많다. 센스 있게 연도별로 분류해서 종이에 적어 놓아 보기도 편하다. 주인 아주머니도 이것들은 우리 가게에서만 볼 수 있다고, 어디 가서도 보기 힘들다고 할 자랑할 정도! 유리에 금박으로 세심하게 문양을 그려 넣은 다양한 크기와 디자인의 베네치아 무라노 유리 공예 잔들은, 개당 10유로부터 다양하다. 무라노 공예 유리 꽃병들도 정말 예쁜 색감들을 뽐내며 진열되어 있다. 꽃병들은 크기가 커서 들고 가기 힘들지만 작은 잔들은 포장도 쉽고 가벼우니 깨질까봐 걱정하지 말고 구입하자. 비행기 짐에 넣을 거라고 주인에게 말하면 완벽하게 포장을 해 준다. 영국식 티포트 세트도 많이 볼 수 있는데 은으로 만든 티파니 티포트 세트는 정말 환상적이었다.

　　이곳에서는 오래된 아이들 장난감과 인형도 쉽게 볼 수 있는데, 크고 작은 바비 인형부터 자동차, 비행기 모형, 퍼즐, 미니어처 등 종류가 매우 다양하다. 몇 십 년 전 아이들이 가지고 놀던 손 때 묻은 인형들은, 내가 예전에 가지고 놀던 인형을 떠올리게 해 정감이 가서 몇 번이나 들었다 놨다 하기도 했다. 당장 사고 싶을 만큼 예쁘고 앙증맞은 인형들이 있는 반면, 밤 12시가 되면 돌아다닐 것만 같은 예쁘지만 무서운 느낌의 인형까지 다양하다. 유리 진열장에는 70년대 아이들의 미니 보타이, 미니 넥타이가 소중히 보관되어 있었다. 지금 매도 손색이 없을 정도로 완벽한 상태지만 주로 컬렉션용으로 쓴다고 한다. 상큼한 컬러감과 프린팅이 너무 앙증맞다. 나라별로 전통의상을 입고 있는 인형들은 컬렉션으로 나열되어 있다. 일명 못난이 인형으로 불리는 못난 여자아이 인형이 있나하면 인형극 틀과 줄이 달린 인형극용 인형들도 보인다. 아이들의 작은 손에 꼭 맞는 컬러풀한 미니 재봉틀, 녹이 슬어버린 빨간 장난감 자동차, 아이들이 앉아서 그림 그리고 소꿉놀이했던 탁자와 내가 앉으면 부서질 것만 같은 자그마한 의자들, 다 낡은 인형극 소품들. 큼지막한 새빨간 레터링과 마치 오페라 무대에 있어야 할 것만 같은 낡고 녹슨 커다란 조명들, 그리고 주인과 함께 나와 매번 나빌리오 마켓을 지키는 강아지까지. 한번은 판매하는 소파에서 담요를 덮고 자는 모습도 보았다. 구경하는 사람들 저마다 너무 재밌어서 주인에게 사진을 찍어도 되냐고 양해를 구하고 강아지를 찍고 있더라. 너무 재밌는 풍경이 아닐 수 없다.

아이들을 위한 만화책과 보그, 엘르
등 40~50년대의 잡지와 신문 컬렉션을 판
매하고 있는 노점이 보였다. 이곳에서는 또
한 각종 빈티지 포스터와 유명인의 작품부
터 이름 모르는 작가의 일러스트, 그림들도
하나하나 비닐에 쌓여 보관되어 있다. 세계
2차 대전 당시 군인들의 사물함에 붙어있었
다고 알려진 섹시한 '핀업걸'들의 일러스트
원본 작품들도 볼 수 있다. 이런 일러스트들
을 사서 액자에 끼워두면 무척 멋스럽다. 누
군가의 사연이 적혀있는 몇 십 년 전의 엽서
도 깨끗하게 파일에 보관, 정리되어있다. 한
장 한 장 넘기며 구경하다보면 금세 시간이
흘러버린다.

1902
RISTORANTE
3 GALLI D'ORO
BOLOGNA
IL LIBRO
DELLA II
CLASSE
LA LIBRERIA DELLO STATO
Emilio De Martino
CAROVANA
AZZURRA
CORRIERE dei PICCOLI
CORRIERE dei PICCOLI
1958
€ 15 uno
1953
€ 10 uno

나빌리오 마켓

이렇게 걷다보면 어느새 첫 번째 다리가 보이고 오른쪽 골목으로 돌면 이 골목이 바로 비아 코르시코via corsico! 빈티지 의류와 액세서리가 집중되어 있는 곳이다. 밀라노의 몬테 나폴레오네monte napoleone가 세계적인 명품 거리라면 여기는 빈티지계의 명품 거리다. 거리라고 하기엔 조금 짧은, 겨우 몇백 미터밖에 안 되는 길에 서른 개 남짓한 노점들이 모여 있다. 작은 골목에 불과하지만 가지고 있는 옷과 소품의 퀄리티는 최고다. 이 길 노점들의 대부분은 옷과 액세서리, 가방 등을 파는데 아침 일찍 서두르는 것이 좋다. 조금만 늦어도 패션 피플들로 가득 차기 때문에 득템할 수 있는 기회가 적어지니까! 모스키노, 에르메스, 프라다, 마르니, 구찌, 페라가모, 샤넬 등 최고급 명품들의 빈티지를 쉽게 만날 수 있다. 케이스까지 같이 진열되어 있어 새 제품이라 해도 믿을 정도의 제품부터, 세월의 흔적이 보이는 빈티지스러운 가죽 소품들까지 다양하며 퀄리티에 따라 가격 역시 다양해진다. 에르메스 넥

타이는 여자인 나도 탐날 정도의 완소 아이템. 깨알같은 프린팅, 알록달록한 색감 하나하나가 너무나도 사고 싶게 만든다. 요즘은 여자들도 넥타이를 충분히 러블리한 분위기로 연출할 수 있다. 예를 들어 머리에 헤어밴드처럼 감싼다거나 허리에 벨트처럼 둘러 줄 수도 있다. 일단 색감이 핑크, 옐로, 오렌지 같이 화사하기 때문에 포인트 주기에 딱이다.

넥타이에 이어서 부담 없이 구입 가능한 스카프. 빈티지 의류를 파는 대부분 점포들은 스카프를 기본적으로 가지고 있다. 그만큼 스카프 하나가 빈티지 스타일에 많은 도움을 주는 게 사실! 목이나 헤어에 두를 수 있는 쁘띠 스카프부터 어깨에 두를 수 있는 숄까지 다양하다. 적게는 10유로에서 빈티지 에르메스 스카프의 경우에는 80~100유로 정도로 살 수 있다. 보관상태 또한 좋은 것들이 대부분.

FORNASETTI

모자를 전문적으로 파는 곳은 갈 때마다 빼놓지 않고 들른다. 매번 어찌나 새롭고 다양한 종류의 모자를 가져다 놓는지! 가격도 만만해서 써보고 어울리면 일단 사고 본다. 20년대의 클로셰 모자부터 와이드 브림햇까지, 다양한 소재와 독특한 디자인으로 눈길을 끈다. 단 하나밖에 없는 유니크한 제품들은 진열되고 5분만에도 팔릴 정도로 인기가 많다. 옷을 심플하게 입으면 조금 화려한 모자도 부담 없이 소화가 가능하다.

반면 메인 스트리트 왼쪽에도 첫 번째 다리 바로 아래에 모자 전문 노점이 있는데 이곳은 좀 더 화려한 장식의 행사용 모자들이 많이 보인다. 사람들 모두 한번씩 써보기도 하고 사진을 찍기도 한다. 각종 레이스와 깃털, 코르사주 등으로 장식된 모자들은 마치 당장 화보를 촬영해야 할 것만 같다.

마켓 중간 중간에는 패션을 공부하는 친구들을 위한 빈티지 원단 조각들과 각종 트리밍, 단추들이 보인다. 이탈리아의 원단과 핸드메이드 제품은 세계적으로 인기가 높기 때문에 이런 작은 것 하나하나에도 자부심을 가지고 판다. 심지어 원단 가게에서도 쉽게 구할 수 없는 80년대 실크 프린팅 원단들도 있다. 파스타의 종류가 프린팅 되어있는 실크 원단은 너무 귀여워 나도 1미터를 사버렸다. 스카프나 숄처럼 써도 되고 가방에 묶어주기만 해도 빈티지 룩이 쉽게 연출된다.

나빌리오 마켓

지나가다 눈에 띄인 알록달록 특이한 마네킹. 패션 전공자인 나는 한 눈에 반해 버렸다. 자세히 들여다보니 빈티지한 그림들을 콜라주 기법으로 마네킹 위에다 작업을 해놓았다. 옷을 만드는데 도움을 주는 바디 역할이 아닌, 마네킹 그 자체를 인테리어 소품으로 디스플레이할 수 있게끔 하나의 예술 작품으로 변신시켰다. 미니 마네킹과 원래 크기의 마네킹, 둥근 여행용 트렁크가 세트로 나란히 있으니 사람들이 눈길을 꽤 끈다. 지나가다가 다 낡아빠지고 헤진 마네킹을 사서 들고 가는 커플을 보았을 때, '저렇게 더럽고 오래된 마네킹을 어떻게 쓸 수가 있어? 버려야지……' 라고 생각했었는데 그들의 마음을 이제 이해할 수 있을 것 같다. 이런 걸 보면 이태리 사람들이 얼마나 빈티지의 가치를 잘 알고 사랑하는지를 느낄 수 있다.

비아 코르시코의 막바지에 이르면 샤넬, 디올, 에르메스 등 명품 가방과 구두, 액세서리를 전문으로 하는 곳이 두세 곳 보인다. 이곳의 아이템은 고급 브랜드인 만큼 저렴한 가격은 아니지만, 이제는 구할 수 없는 제품들이 많으므로 그만큼 가치가 높다. 홍정을 잘하면 좋은 가격에 득템을 할 수도 있다. 가격대가 높다보니 사람들 또한 쉽게 사지 않는지, 갖고 싶었던 가방 하나는 높은 가격으로 몇 달 동안 팔리지 않고 제자리더라. 충분히 생각

할 시간을 갖고 구입하도록. 이렇게 보다보면 어느새 배가 고파온다. 주변에 저렴하게 브런치나 간식을 즐길 수 있는 바가 많기 때문에 이쯤에서 마켓을 구경 중인 사람들이나 잔잔하게 흐르는 나빌리오 운하를 바라보며 배를 잠시 채운다. 피자 한 조각 사서 길거리에 앉아 먹어도 기분이 좋아진다.

그렇게 돌아서 포르타 제노바역 앞의 비아 카살레 via casale 로 들어서면 여기서는 대부분 가구와, 앤티크 소품을 판다. 모던한 60~70년대 가구부터 오래된 앤티크 가구까지 다양하게 구비되어 있다. 가구들은 관광객들에겐 사기 힘든, 눈으로만 만족해야 할 아이템이지만 현지인들에겐 더할 나위 없는 인기 상품이다. 주인과 상의하면 배달도 가능해서, 유학생들은 저렴한 빈티지 가구들을 득템할 수도 있다. 메인 스트리트 마켓이 열리는 곳 뒤쪽으로는 빈티지 가게나 아기자기한 소품 가게, 책방도 많으므로 관심 있는 가게 몇 군데쯤은 돌아보자.

다시 메인 스트리트로 진입하면 30~50년대 무지개 빛깔 빈티지 전화기와 시계, 타자기, 주크박스, 라디오, 텔레비전 등 다양한 종류의 전자 제품부터 가구, 소품을 파는 가게를 오른쪽 편에서 만날 수 있는데 마켓이 열리는 날이면 가게 앞에다 전시해둔다.

BICICLETTE
A CANCELLATA

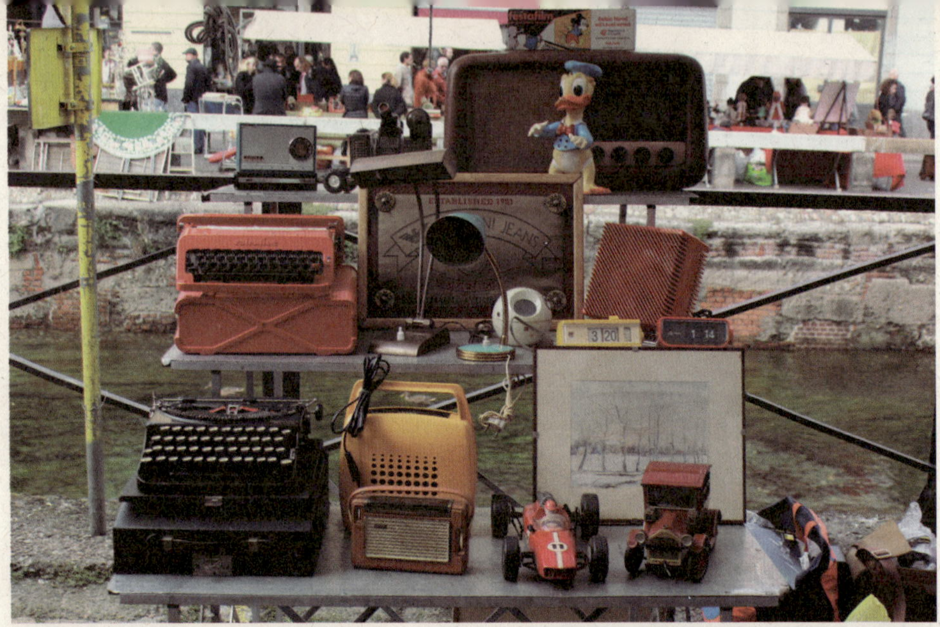

ENERGOL BP
motori

1 JAN
SUN
26

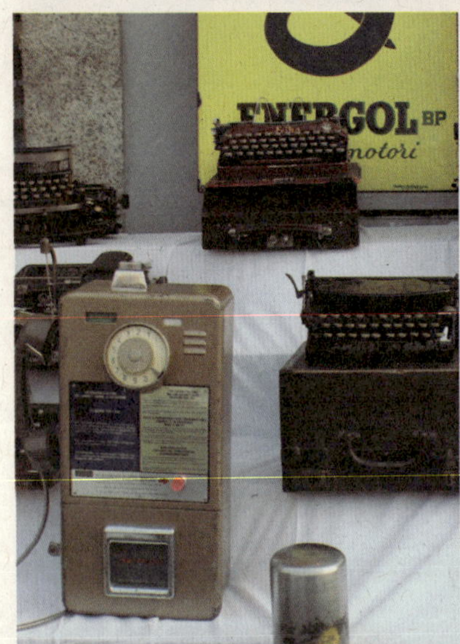

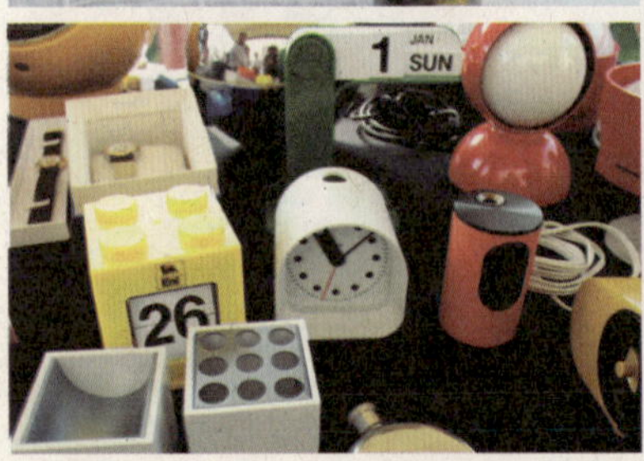

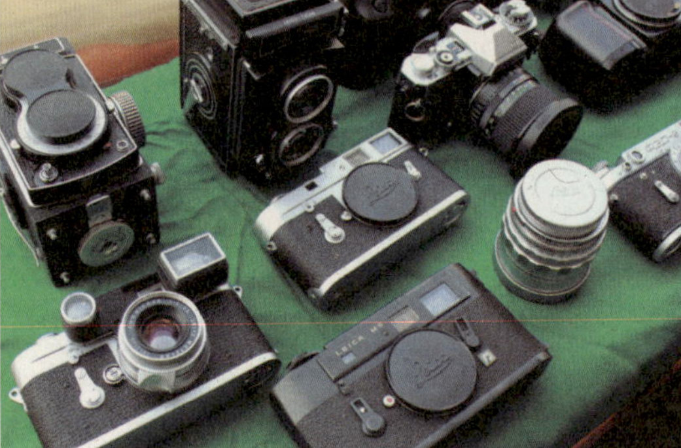

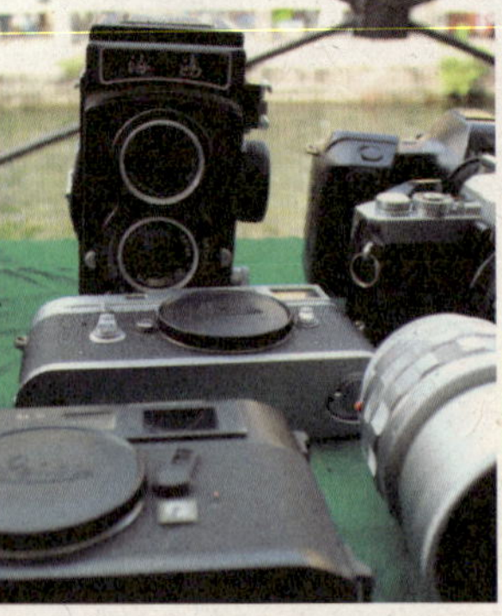

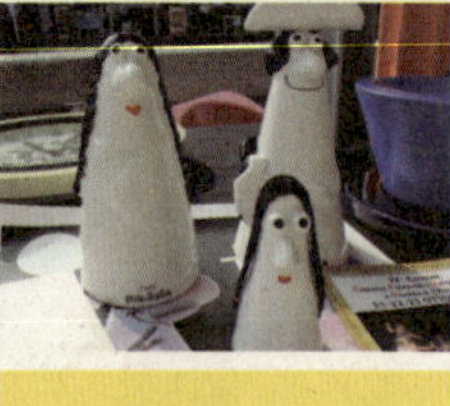

조금 내려오다 보면 몇몇 노점에서 빈티지 카메라를 팔고 있는데 사실 밀라노 보다는 런던 마켓들이 카메라 종류가 더 다양하다. 그래도 카메라에 관심이 있는 사람들이라면 주의 깊게 살펴볼 것. 아무래도 상대적으로 파운드보다 유로화가 좀 더 싸기 때문에 의외의 보물을 득템할 수도 있다. 특히나 라이카 제품이 눈에 띈다.

5시가 넘으면 상인들은 슬슬 정리를 시작해 6시가 되면 횅해진다. 6시 30분경부터 아페리띠보aperitivo가 시작하니, 마켓이 끝난 후에 근처 바에서 나빌리오 운하를 바라보며 와인 한잔과 함께 요기를 하고 하루를 마무리 하는 것을 추천한다.

aperitivo(아페리띠보)란?

'happy hour'라고도 불리는 아페리띠보 문화는 저녁식사 전 친구들을 만나 술 한 잔과 함께 가벼운 안주들로 배를 채우며 이야기를 나누는, 젊은이들 사이에 인기 있는 시스템이다. 웬만한 바에서는 8유로부터 15유로 선에서 저렴하게 허기를 달랠 수 있어 현지 유학생들에게도 아주 인기가 많고, 관광객들에게도 마치 밀라네제가 된 것 같은 자유로운 분위기를 즐길 수 있어 좋다. 파스타, 리조또, 육류, 샐러드부터 와인, 맥주, 칵테일 등 종류도 다양하고 마음껏 먹을 수 있다.

나빌리오 마켓

RINOMATA GELATERIA ARTIGIANA

리노마타 젤라떼리아 아르티쟈나

나빌리오 마켓의 시작지점 리파 디 포르타 티치네제(ripa di porta ticinese)와 비알레 고르찌아(viale gorzia) 사이 모퉁이에는 노란 간판에 'GELATERIA'라고 크게 쓰여진 가게가 있다. 나무로 만든 빈티지한 실내 인테리어가 인상적인 젤라또/크레페 가게. 굳이 두 눈 크게 뜨고 찾으려 애써 노력하지 않아도 가게 앞에 젤라또를 먹으려는 사람들이 가득 차 있어 쉽게 눈에 띈다. 크레페의 경우엔 원하는 젤라또와 함께 누뗄라를 주문할 수 있다. 누뗄라와 바닐라 젤라또의 조화는 정말 최고!

Address Ripa di Porta Ticinese, 1 20143 Milano

Budget 젤라또 2.5유로부터 / 크레페 3유로부터

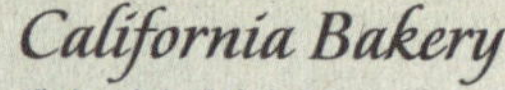

California Bakery

캘리포니아 베이커리

1996년에 처음 밀라노에 작은 구멍가게 수준의 규모로 문을 열었으며 현재 인기가 많아지면서 체인점이 급속히 늘고 있는 캘리포니아 베이커리는, 미국식 브런치와 수제 햄버거, 케이크, 커피 등을 즐길 수 있는 카페다. 연두색과 짙은 밤색이 메인 컬러이며 천장 가득 수십 개의 라탄 바구니로 독특한 디스플레이를 해두었다. 이곳은 패션계에 몸담고 있는 잇걸들(패션 블로거, 디자이너 등)이 사랑하는 가게로 그녀들이 입은 옷, 손에 든 가방 구경에 눈이 즐겁기도 하다. 브런치를 먹으러 갈 때 일찍 서두르거나 전화 예약을 하는 것이 좋다(브런치의 경우 토요일, 일요일, 공휴일만 주문이 가능). 예약 없이는 주말에 커피 한 잔하기도 힘든 곳이다. 이곳의 로고가 프린팅된 머그컵도 선물용으로 인기가 많고 나또한 하나 가지고 있다. 케이크나 타르트, 비스킷, 잼 등을 예쁜 포장 용기에 담아 팔기도 한다. 2유로 정도로 저렴하지만 쫀득쫀득한 브라우니 맛도 일품이고 딸기 치즈 케이크나 훈제연어와 크림치즈가 들어간 베이글도 맛있다. 참고로 스무디의 경우 느끼하고 텁텁한 감이 있어 추천하

고 싶지 않다. 4월말부터 9월말까지는 삐아짜 산테우스토르죠(Piazza Sant'Eustorgio)점에서 수저, 냅킨 등 포장 하나하나 센스 있게 신경을 쓴 피크닉 세트를 함께 제공해주어, 바로 앞에 있는 작은 공원 잔디밭에 앉아 마치 소풍을 온 것처럼 맛있는 브런치를 즐길 수 있다. 나는 이곳을 너무 사랑한 나머지 여기서 열리는 베이킹 클래스에서 애플 파이와 당근 케이크를 배운 적도 있다(이탈리아어 말고도 영어로도 클래스가 있다). 삐아짜 벤띠꽈뜨로 마죠(piazza 24maggio) 광장이 보이면 왼쪽 길 맥도날드 옆에 연두색 천막이 쳐진 곳이다.

Address Piazza Sant'eustorgio
Site http://www.californiabakery.it/
Open 08:00~24:00
Budget 15유로부터

PANINO GIUSTO

파니노 쥬스또

밀라네제들의 사랑을 듬뿍 받은 결과 밀라노에만 14개의 지점, 도쿄와 일본에도 이미 5개의 지점을 낼 정도로 인기가 많은, 이탈리아식 샌드위치 '파니노(Panino)'를 맛볼 수 있는 이곳 파니노 쥬스또. 1979년에 밀라노의 코르소 가리발디(corso garibaldi)역에 1호점이 생겼고 이후 조금씩 인지도를 높여 가며 다양한 곳에 지점들이 생기기 시작했다. 신선한 재료를 엄격하게 준비한다고 한다. 진초록색의 간판에 고급스러우면서도 컨트리한 내부에는 프로슈또 같은 생 햄들이 천장에 걸려있다. 주문이 들어오면 그 자리에서 신선하게 잘라서 음식에 넣는다. 파니노 같은 경우엔 예전보다 양이 작아져서 하나를 시키면 작은 크기에 실망할 수 있지만 막상 먹으면 안의 내용물 때문에 배가 부른 편. 프로슈또 코또(Prociutto cotto)가 들어있는 파니노의 경우 생 햄의 비린내도 덜하니 처음 생 햄을 접하는 사람들에게 추천하는 메뉴. 메뉴판에는 영어와 이태리어 두개 다 적혀 있다. 파니노도 맛있지만 이탈리아식 토스트도 추천할 만하다. 토스트 델라 카사(Toast della casa)가 한국인 입맛에 맞고, 매콤한 걸 좋아한다면 토스트 피칸떼(toast piccante)도 추천한다. 파니노 메뉴와 토스트 메뉴의 경우 반으로 잘라 달라고 요청할 수 있다.

Address Piazza XXIV Maggio, 4–20136 Milano
Site http://www.paninogiusto.it/
Open Mon–Sun 12:00~01:00

FRATELLI FABBRI EDITORI
MAURI KUNNAS
Walt Disney
Peter Pan
e gli amici dell'Isola-che-non-c'è
Walt Disney
CANTO DI NATALE DI TOPOLINO
SCOPRIRE 1
DINKY SERVICE

세니갈리아 벼룩시장

1920년에 처음 형성되어 2005년에 위치를 이곳 주차장으로 옮겼으며 지금까지 밀라네제들의 사랑을 받고 있는 세니갈리아 마켓은, 매주 토요일 아침부터 포르타 제노바 역 Porta Genova 주차장에서 하루 종일 열린다. 아직 관광들에게 많이 알려지지 않은 이곳은 아침부터 생필품이나 빈티지 소품을 득템하기 위해 부지런히 나온 밀라네제들로 붐빈다. 나빌리오에 비해 규모가 10분의 1정도로 작지만 '매달 마지막 주 일요일'이라는 시간을 맞추기 어려운 유럽 여행객들에겐 더없이 반가운 마켓. 나빌리오 마켓과 겹치는 노점들도 몇 개 있어서 나빌리오를 갈 수 없어도 실망할 필요는 없다. 1800년대 자동차 장난감부터 1920~60년대 빈티지 패션 액세서리, 아프리카 스타일의 히피 소품, 밀리터리 소품, 중고 서적까지 그 취급 품목은 여느 다른 마켓

과 다를 바가 없다. 가격대는 다양하지만 나빌리오 마켓에 비해 매우 저렴한 편이다. 빈티지 의류가 심지어 단돈 1유로한화 약 1600원하는 곳도 있어 나 역시 매주 토요일 할 일이 없을 때마다 5년간 주구장창 들락날락 거리던 마켓이다. 이곳에서 구입한 액세서리와 옷만 해도 옷장 하나를 가득 채울 정도. 가

격이 싸서 실패해도 만만하기 때문에 한번 갔다하면 양손 가득 비닐봉지와 함께 낑낑거리며 트램을 타고 집으로 돌아온다. 진정한 '1유로의 행복'을 느낄 수 있는 곳이 바로 이곳!

　　　지하철 초록색선 포르타 제노바 역 Porta Genova 에서 내려 에스컬레이터 출구로 올라온 뒤 오른쪽 방향으로 꺾어 담벼락을 따라 좁은 길을 3~4분정도 걷는다. 왼쪽엔 트램 레일이 있고 트램과 차가 다니는 도로가 있다. 걷다 보면 오른쪽에 언덕 아래로 내려가는 곳이 보이는데 이곳이 마켓의 입구. 평일에는 주차장이다가 주말만 되면 마켓으로 변신한다.

Open　　매주 토요일 09:00~17:00 혹은 늦은 오후 까지

　　나빌리오 마켓과 가까운 거리에 위치한 세니갈리아 마켓은 훨씬 작은 규모지만 매의 눈을 가지고 있는 사람에게는 득템할 아이템으로 가득 찬 보물섬이다. 포르타 제노바 역에서 나와 3분 남짓 담벼락을 따라 걷다보면 나오는 거대한 주차장이 바로 그곳! 세니갈리아의 대부분 노점들은 테마랄 것 없이 집에 가지고 있는 것들은 모조리 다 들고 나온 느낌이지만, 군데군데 자신들만의 특성을 가지고 있는 곳도 꽤 있다. 빈티지 선글라스만 파는 곳이나 우표, 화폐, 견장을 몇 십 년간 모아온 할아버지의 컬렉션 등. 오랫동안 특정 물건에 집착하고 애정을 담아 모아온 사람의 컬렉션을 보고 있으면 성격도 파악이 되는 느낌이다.

　　왼쪽에 빈티지 소품과 앤티크 가구를 파는 아저씨가 시작점이다. 사진을 찍어도 되냐는 물음에 "왜 안 되겠어?"하며 소품을 원하는 대로 배치하여 찍어도 된다는 자상함까지 보여준다. 이곳에서는 90년대 초의 디자인 주방 소품과 앤티크 라디오, 턴테이블을 항상 만날 수 있다. 모두 다 작동하는 것들을 팔기 때문에 한국에 들고 와 전자상에서 전파만 맞춰주면 충분히 사용이 가능하다. 가끔가다 애플사의 90년대 맥 제품들이 종종 나오는데 지금도 여전히 작동되는 것들이 대부분이라 단골 손님 몇몇은 매주 와서 맥 제품의 유무를 물어볼 정도. 가격도 물건 상태에 비해 나쁘지 않은 편이다.

244

흔하지 않은 러시아 목각인형 마뜨료시카에 비틀즈의 멤버 얼굴이 빈티지하게 프린팅 된 세트가 30유로로 많은 사람들의 관심을 모았다. 존 레논을 열면 폴 메카트니가, 폴 메카트니를 열면 조지 해리슨이…… 이렇게 깨알 같은 빈티지 소품을 눈앞에 두고 어떻게 안 살 수가 있을까?

세니갈리아 벼룩시장

　　옆집에서는 빈티지 서적들을 파는데 대부분이 이태리어로 되어있다. 영문이 없어 아쉽지만 표지가 빈티지하여 책꽂이에 꽂아 두기만 해도 이탈리아를 추억할 수 있고, 하나의 인테리어 소품 역할을 한다. 예쁘고 값싼 디자인 책들이 많이 있으니 저렴하게 구입할 수 있는 기회를 놓치지 말자. 나는 낡고 오래된 책에서만 느낄 수 있는 그 오래된 책 냄새가 좋아 중고 서적과 잡지를 즐겨 사는 편이다. 마냥 편한 옷차림으로 뒤적거리다 보면 마치 한국의 대형 서점이나 커다란 국립 도서관에 온 것 같다.

반대편을 돌아보면 빈티지 LP 음반을 파는 곳이 나온다. 부담 없이 마음껏 하나하나 뒤지다 보면 한국에서 구하기 힘든 것들도 발견할 수 있다. CD와 MP3에 밀린 LP 음반은 사실 요즘 내 나이 또래에게는 생소한 편이다. 하지만 요 근래 세계적으로 붐이 일어나 타임지는 MP3 세대인 젊은 층들이 LP 음반을 들을 수 있는 턴테이블과 LP 음반을 사는 경우가 크게 늘어나고 있다면서, 젊은이들이 부모들이 소장한 LP 음반을 들은 뒤 따뜻한 음감과 정교한 앨범 표지, 음반의 다양한 형태 및 눈을 사로잡는 디자인에 매료되고 있다고 전하기도 했다. 빈티지 옷이 인기를 얻는 것과 같은 경우겠지. 복고 분위기에 맞춰 일부 가수들은 앨범을 낼 때 LP 음반을 같이 발매하기도 한다

세니갈리아 벼룩시장

: 향수를 불러 일으키는 LP 음반 커버

고 한다. 정말 커다란, CD 케이스의 4,5배 되는 크기의 낡아빠진 종이 커버
는 구경하는 것만으로도 재밌다. 손으로 클릭만 하면 나오는 MP3와는 다르
게 한곡을 틀기 위해서 1~2분 걸리는 건 다반사이지만 '추억'이라는 단어를
떠오르게 해주는 난 사실 LP 음반에 대한 추억은 없지만 모습에 왠지 모르게 정감이 간
다. 시장에서 턴테이블을 저렴하게 구입할 수도 있으니 관심이 있는 사람들
이라면 주의 깊게 살펴보자.

　　　주로 40~50년대 장난감 자동차를 파는 곳이 있는데 유럽의 장난감
자동차 수집가들에겐 꽤나 잘 알려져 있다. 장난감 자동차 컬렉션에 대한 블
로그도 운영한다. 80년대 후반 값싼 플라스틱 수입 장난감이 깔리기 전 알루
미늄을 녹여 형태를 잡은 후 일일이 세밀하게 페인트칠을 하여 만든 이 장
난감 자동차들은 몇 십 유로에서부터 비싸게는 몇 천 유로 100만원 이상까지 하
기도 한다. 빈티지는 하루하루 시간이 지날수록 그 가치가 높아지는데, 빈티
지 장난감 역시 그렇다고 주인 아저씨가 말한다. 양철 빈티지 장난감들은 독
일에서 처음 만들어졌는데 독일의 양철 산업이 발전하면서 다른 유럽 국가
인 프랑스와 영국 또한 이 양철 장난감 제조에 관심을 갖기 시작했다. 영국
회사들은 제1차 세계대전 이후 끊임없이 성장했고 그러면서 독일제를 기피
하기 시작했다. 이어서 일본도 독일에서 수입된 독일산 양철 장난감의 수요
가 증가하면서 독일에서부터 기술을 들여와 직접 제작하기 시작했다. 그리
고 마침내 독일을 제치고 훌륭한 퀄리티의 양철 장난감을 만들어냈다. 최근
들어 인터넷이 활성화되면서 양철 장난감의 인기가 높아져 새로 제조되는

세니갈리아 벼룩시장

양철 장난감들도 많아지고 있다. 문구류를 파는 쇼핑몰에서 흔히 보이는 양철 로보트도 인기 상품. 대부분이 케이스까지 온전하게 보관되어있는 새 제품이고 쉽게 구할 수 없는 것들이기 때문이다. 보는 것만으로도 너무 빈티지하고 아기자기한 이 장난감들을 구입하지 못한다면, 다가올 틴토이Tin Toy의 유행에 앞서 사진으로라도 남겨두도록!

특이한 모양의 옷걸이와 마네킹이 디스플레이 되어있는 빈티지 의류 노점을 발견했는데, 이곳 아주머니는 나빌리오 마켓에도 참여한다. 빨간 벨벳 위에다가 빈티지 선글라스, 안경을 올려두었고 유리진열장 안에는 액세서리와 깃털과 망사 등 각종 장식이 달린 모자들도 나름의 규칙으로 디스플레이 해놓았다. 빈티지 선글라스는 색상과 디자인이 너무 다양해서 본인에게 어

울리는 걸 찾는다면 세상 단 하나의, 나 혼
자만 가지고 있는 선글라스를 득템할 수 있
다. 유리 진열장 안의 액세서리들은 브로치,
귀걸이, 반지 각종 향수병과 잡다한 소지품
들인데 가격대는 다양하기 때문에 직접 물
어보고, 착용해보고 구입하는 것이 좋다. 반
면에 오른쪽에는 깃털과 망사, 비즈 등으로
세심하게 장식된 50~60년대 감성을 한껏
담은 빈티지 모자들이 마네킹에 진열되어있
다. 한국에선 감히 써볼 생각도, 구경할 수
도 없었던 것들이니 이럴 때 시도해보고 어
울리면 기념으로 하나 정도 장만하는 것도
나쁘지 않다. 특히 가을이 시작되면 퍼 제품
이 많이 나온다. 퍼 모자도 10유로부터 30유
로 정도. 색깔과 퍼 종류, 디자인이 매우 다
양하다. 퍼 조끼부터 목도리, 재킷까지 퀄리
티에 비해 저렴한 가격이 구매 욕구를 자극
한다. 아주머니가 타고 다니는 차 안에는 디
스플레이되지 못한 옷들이 쌓여있다. 양이
너무 많아 모두 디스플레이하려면 시장이
다 끝나버린다는 아주머니의 말을 듣고 보

 세니갈리아 벼룩시장

니, 그 엄청난 빈티지 옷들에 다시 한번 놀라움을 감추지 못했다! 원하는 스타일이 있으면 아주머니에게 설명을 해보자. 아주머니가 가지고 있는 것 중에 비슷한 스타일을 찾아주기도 한다. 예를 들어 '스팽글이 달린 빈티지한 파티 룩' 같이 구체적인 정보나 롱치마, 스웨터와 같은 제품류에 대해 물어보면 차에서 뒤져서 가지고 나오기도 한다. 물건을 하나하나 직접 골랐기 때문에 다 기억하고 있다고.

그치만 이곳보다 더 저렴한 곳이 있었으니…… 단돈 1유로! 아우터도 2개에 단돈 5유로! 정말 말도 안 되는 가격, 사실은 '벼룩시장다운' 가격을 가진 스탠드가 한두 군데 있다. 이 스탠드는 나와 내 친구들이 매주마다 10유로 한 장 들고 이곳을 찾는 이유이기도 하다. 나빌리오 같이 디자이너 라벨의 고급 브랜드 제품은 드물고 혹 있더라도 가짜 제품일 가능성이 높지만 싸고 값진 보물을 발견하는 재미로 찾는다. 한번은 학교 반 친구들 열다섯 명과 다함께 구경 간 적이 있는데 이날 1, 2유로짜리 빈티지 의류를 팔던 아저씨, 계 타셨다. 마켓이 열린지 2시간 만에 우리가 모든 아이템을 다 휩쓸어 스탠드를 정리하고 집에 돌아갔기 때문. 요즘도 종종 가면 제일 먼저 찾는 곳이기도 한데 나를 보면 반가워한다. 기껏 해봤자 1, 2유로짜리 몇 개 사는 것일 뿐인데 안부 인사도 하며 수다 좀 떨다 계산할 때가 되면 스카프 하나 더 끼워주는 그 따뜻한 정 때문에 마켓을 사랑하지 않을 수 없다.

　　내가 이곳 밀라노에 6년간 있으면서 손꼽는 경험 중 하나가 바로 이곳 세니갈리아 마켓에서 친구들과 함께 하루 종일 스탠드를 빌려 물건을 판 흥미로운 경험이다. 졸업을 하고 이탈리아 친구들과 함께 '추억이 될 만한 특별한 일 없을까?'하며 골똘히 머리를 맞대고 얘기하던 도중 나온 마르코의 생각이다. 마르코는 나와 런던까지 함께 가서 빈티지 쇼핑을 하고 온 빈티지를 사랑하는 게이친구다. 우리 6명은 모두 동의 했고, 그 자리에서 무슨 물건을 챙겨올지 리스트를 적어나가기 시작했다. 나 같은 경우 20살 멋모를 때 사서 한두 번 입고 옷장에 묵혀둔 H&M이나 ZARA 같은 옷들과 한국에서 사온 보세 숍의 액세서리들도 몇 개 처분할 겸 내놓았고, 학교 다니면서 봉제 시간에 만들었던 바지나 셔츠 몇 벌을 내놓은 친구, 손재주가 있어 몇 년 간 다양한 재료를 이용해 만들어 온 목걸이와 귀걸이를 가져온 친구 등 아이들 모두 각양각색의 아이템을 취향에 따라 가져왔다. 한 밀라네제 친구네 집 창고에 처박혀 있던 쓰지 않는 접이용 책상을 차에 싣고 아침 7시에 마켓으로 향하던 그 두근거림은 아직도 잊을 수가 없다. 내가 매주 들락날락 거리던 곳에, 내가 직접 물건을 팔러 간다는 게 상상이 되지 않았기 때문이다. 아침 7시 반쯤 도착해 예약해둔 스탠드로 가서 책상을 펴고 자리를 잡았다. 사실 책상 하나로는 가져온 물건을 모두 올리기 힘들어 돗자리를 깔아 바닥에 진열해 두기도 했다. 처음엔 잘 팔릴 것 같아 넘치던 의욕도 시간이 지날수록 더딘 진행 상황과 뜨거운 햇빛 아래 지쳐만 갔다. 점심때 먹은 파니노도 어쩜 그리 맛없이 느껴지던지. 그래도 점심시간이 지나고 오후가 될수록 많은 사람들이 모였고 오후 여섯시가 다 되어갈 무렵, 그러니깐 마켓이 끝날 무렵

이 되어서는 한두 개 빼고 다 팔렸다. 다들 녹초가 되었지만 완벽하게 뒷정리를 끝내고 먹으러간 피자는 그야말로 꿀맛! 입으로 들어가는지 코로 들어가는지 모르게 접시를 싹 다 비웠다. 다시 하라 그러면 못한다고 하겠지만 너무 뜻 깊고 유익한 경험이었다. 사실 요즘 옷으로 넘쳐나 공간이 없는 옷장을 볼 때면 그때가 생각 나곤 한다.

훈장, 견장, 화폐 컬렉션도 이곳에서 만날 수 있는 독특한 아이템이다. 가지각색의 견장들은 하나사서 와펜 같이 야상이나 재킷에 달아주면 다른 분위기를 연출할 수 있다. 대부분은 유리 진열장 안에 전시되어있기 때문에 마음에 드는 것이 있으면 가격대를 물어보고 착용 가능 여부를 물어보자. 꼬질꼬질한 60년대의 보이스카웃 배지의 경우 하나에 100유로나 한다.

모든 빈티지 마켓에서 볼 수 있었던 '틴 케이스'. 찌그러지고 닫히지
도 않는 낡은 것부터, 보관상태가 좋아 겨우 손바닥만 한데 몇 십 만원을 호
가하는 것까지 천차만별이다. 내용물도 없는 빈 케이스를 그 돈을 주고 사기
아깝다는 건 틴 케이스의 매력을 모르고 하는 소리! 의외로 활용도 100퍼센

트인 틴 케이스는 워낙 사이즈가 다양해서 사이즈마다 용도가 다 다르다. 명함을 보관하기도 하고, 인화한 사진이나 폴라로이드 같은 것들을 담아둘 수도 있으며 작아서 잃어버리기 쉬운 봉제도구_{실, 바늘, 단추 등}나 문구류, 화장품_{네일 폴리쉬}, 비상약 등을 담아둘 수 있어 틴 케이스의 활용도는 무궁무진하다. 그냥 책상에, 선반에 올려두기만 해도 홈 데코용 소품이 되는데, 틴 소재 자체가 빈티지스러운 멋과 함께 세월의 흔적을 고스란히 담고 있기 때문이다. 틴 케이스에 그려진 일러스트나 색감은 차마 흉내 낼 수 없는 빈티지 고유의 멋을 지니고 있다. 또한 가벼워서 혹여나 크더라도 부담 없이 들고 갈 수 있다는 게 장점.

틴 케이스를 모은다면 한 가지 주제를 갖고 모으는 것을 추천한다_{빈티지 담배 케이스 혹은 쿠키 케이스 등}. 구입할 때는 찌그러져 뚜껑이 안 닫히지는 않는지 주의 깊게 살펴볼 것. 유명한 화가들이 틴 박스에 그린 그림의 경우 틴 박스 앞에 그림의 제목이 적혀 있고 옆면에는 그림을 그린 화가의 이름도 새겨져 있다. 이런 경우 소장가치가 높은 편이라 그만큼 가격도 꽤 세다. 틴 박스의 경우 그저 쓰다 버린 녹슨 통이라 생각하는 사람들이 많은데 그 가치는 상상을 초월할 때도 많다. 2,000~3,000달러 정도 하는 경우도 있으니, 엄청나다. 한국에서도 틴 케이스를 파는 인터넷 쇼핑몰들이 있긴 하지만 그 종류가 마켓처럼 다양하지 않아 좋아하는 사람이라면 이곳에 와서 꼭 사가길 추천한다. 한국보다는 저렴하고 그 종류도 다양하니 선택의 폭이 넓다.

다양한 모양의 모카 포트

커피로 유명한 나라이니만큼 쉽게 찾아볼 수 있는 모카 포트는 무려 이탈리아인들의 90프로가 사용하고 있다. 이탈리아 가정에 기본적으로 한두 개 이상 있는 반면 한국에선 좀 생소한 모카 포트. 50년대의 빈티지 모카 포트는 여러 가지 디자인인데 몇 번만 커피를 뽑아주면 서너 번째 커피부터는 마실 수 있는 상태로 나온다. 여기서 '모카'란 커피의 종류가 아닌, 커피라는 뜻으로 사용된다. 모카 포트는 알루미늄으로 만들어진 것들이 대부분인데 이탈리아어로 'Caffetiere'라고도 불리며 에스프레소 같은 진한 커피를 뽑을 수 있다. 주전자 모양이 예쁜 덕분에 콜렉터들의 인기 있는 수집 대상이다. 게다가 기계가 아니라 고장이 잘 나지 않아 빈티지 마켓에서 산 허름한 모카 포트라도 길들일수록 맛있는 커피를 추출할 수 있다. 선반에 나란히 세워두면 인테리어 소품용으로도 딱이다. 모카 포트를 사게 된다면 이탈리아 슈퍼마켓에 가서 분쇄된 커피도 함께 사갈 것! 프로모션하는 제품들도 많고 그 종류는 어마어마하다.

또 주목해야할 것은 커피 그라인더. 예쁘고 다양한 디자인과 크기의 그라인더는 대부분의 노점에서 만날 수 있을 정도로 흔하다. 나는 주로 분쇄된 커피를 구입하는 편이었는데 그라인더의 디자인에 이끌려 지금은 직접 원두를 사서 집에서 분쇄한다. 집에서 마시는 커피 한 잔에도 정성스럽게 공들이는 걸 좋아하는 성격 덕에 놀러오는 친구들은 마치 카페에 온 것 같다고도 한다. 그럴 때마다 기분이 좋아 마켓에 갈 때마다 아기자기한 소품들을 사온 게 이미 집안 한가득이다. 커피와 더불어

세니갈리아 벼룩시장

요리를 좋아하는 나라이니만큼 다양한 주방용품이 많고 유리, 도자기, 세라믹으로 만든 접시, 컵 제품도 많이 볼 수 있다. 가격대는 적당하나 여행객들에겐 짐이 되기도 하니 신중해야 한다.

이태리하면 빼놓을 수 없는 것이 또 가죽 제품이다. 마켓 대부분의 노점들은 빈티지한 가죽 트렁크를 하나씩은 가지고 있고 가죽 제품만 파는 노점까지 있다. 가죽 트렁크는 가격이 천차만별이다. 방 모퉁이 한가운데 트렁크를 열어두고 잡지 몇 권을 넣어주면 또 하나의 분위기 있는 인테리어 소품이 될 것 같아, 난 50유로 정도에 구입을 했다. 그날은 자전거를 타고 그냥 잠깐 들릴까 해서 온 날이었는데 트렁크를 덜컥 사버리는 바람에 한쪽 손으론 트렁크를 들고 한쪽 손으로 자전거 핸들을 조절하는 아슬아슬한 상황을 연출했다. 가죽 노점에서는 한창 유행인 베이직한 사첼백을 다양한 색깔과 크기로 만날 수 있다. 가죽은 전부 Made in Italy로 고퀄리티를 자랑한다. 가죽 신발들도 볼 수가 있는데 본인 사이즈를 찾기 힘들다는 어려움이 있지만 잘 뒤져보면 정말 빈티지한 디자인을 단돈 5유로에 쉽게 득템할 수도 있다. 빈티지 신발 같은 경우 한두 번 사본 사람은 매력을 느껴 계속 사게 된다.

마켓에 구경 가면 항상 사는 아이템 중에 하나인 스카프와 넥타이. 빈티지한 색감과 디자인과 단돈 만원도 안 되는 착한 가격에 꼭 구경하게 된다. 유명 브랜드는 쉽게 찾아볼 수 없지만 그에 못지않게 예쁜 패턴과 10분의 1 이하의 가격을 생각해보면 충분히 살 가치가 있다.

다양한 빈티지 구두 단돈 5유로!

THAT'S BAKERY
댓츠 베이커리

달달한 게 땡길 때마다 가는 이곳 '댓츠 베이커리'. 런던과 뉴욕이 테마이며 겉으로 보기엔 작아 보이지만 안에 들어가면 지하에 넓은 공간이 있다. 또 몇 테이블 안 되지만 흡연자들을 위한 야외 좌석 역시 마련되어 있다. 화이트와 브라운으로 꾸며진 내부는 카푸치노의 컬러를 의미한다. 따뜻하고 아늑한 분위기에 사랑에 빠질 수밖에 없는 곳. 커피나 티와 함께 달콤한 컵케이크, 머핀뿐만 아니라 수제 햄버거 같은 브런치 식사도 즐길 수 있다. 레드벨벳 컵케이크와 바닐라 컵케이크가 인기가 많고 햄버거 플레이트와 샌드위치 플레이트, 오늘의 수프 또한 인기 메뉴! 홍차의 종류도 많이 구비해 두어 다양한 맛을 맛볼 수 있다.

Address via vigevano 41
Site http://thatsbakery.com
Open Mon~Sun 09:00~02:00
Budget 컵케익 3유로부터 / 커피 2.50유로부터/
　　　　햄버거 플레이트 7유로부터

I CAPATOSTA
카파토스타

피자하면 나폴리! 밀라노에서 빈티지 마켓을 구경하면서 나폴리 본지의 맛을 즐길 수 있는 곳

이 바로 이 '카파토스타'! 진짜 나폴레타노(나폴리 사람들을 지칭하는 말)들이 피자를 만들고 있어 그 맛은 보장되어 있다. 가격 또한 평범한 피쩨리아(피자집)와 비슷해 부담 없이 10유로에서 15유로 안에 한 끼를 해결할 수 있다. 야외에도 테이블이 있어 여름에 나빌리오 운하를 바라보며 먹는 피자는 정말 꿀맛! 어딜 가나 메뉴를 고를 때 그 가게의 이름이 적힌 메인 메뉴를 고르면 실패할 확률은 0퍼센트다. 이곳 역시 마찬가지! 다른 이탈리안 피자와는 다르게 두툼하고 쫄깃한 도우 안에 치즈가 들어가 있다. 그다지 세련된 인테리어는 아니지만 동네 피자집 같은 푸근한 이미지의 이곳은 언제나 웨이팅하는 사람들로 가득 차있다. 지하에도 자리가 있고 분위기는 시끌벅적 하지만 이탈리아에 왔으니 이탈리아인들과 부대껴 가며 좁은 테이블에 앉아 피자를 먹는 것도 나쁘지만은 않다.

Address Alzaia Naviglio Grande 56, Milano
Tel 02 89 41 59 10
Open Mon 19:00~23:00 / Tue-Sun 20:00~00:00
Budget 15유로부터

OFFICINA 12
오피치나 12

제대로 된 식사를 조금 고급스럽게 즐기고 싶

은 이들에게 추천하고 싶은 이곳 '오피치나 12'.
나빌리오 운하에 위치하고 있어 경치, 분위기
하나는 끝내준다. 추운 겨울이 아닌 이상 야외
테라스에 마련된 천막 아래 테이블에 앉길 추
천한다. 레스토랑 내부는 6개의 공간으로 나누
어져 있다. 뒤쪽에는 또 다른 정원이 마련되어
있는데 이곳은 앞서 설명했던 아페리띠보를 즐
길 수 있는 곳으로, Happy Hour를 즐기러 왔
다 말하면 된다. 저녁 7시부터 9시 반까지가 해
피아워 타임. 애피타이저부터 다양한 코스요리,
디저트 그리고 와인까지 풀코스로 먹을 수도
있고 피자를 주문하거나 퍼스트디쉬와 메인디
쉬가 합쳐진 밀라노의 전통음식 '밀라네제 리조
또와 오쏘부코(Ossobuco : 송아지고기를 와인,
양파, 토마토와 함께 찐 고기요리)'를 맛볼 수
있다. 이탈리아에 왔으면 애피타이저로 살라미
나 프로슈또 같은 생 햄을 먹어 보자. 한국에서
맛 볼 수 없는 특별한 식사를 할 수 있을 것이
다. 신선한 생 햄과 함께 제공되는 바게트나 치
아바따를 같이 먹으면 환상궁합이다. 전화예약
이 부담스럽다면 홈페이지에서도 예약이 가능
하다.

Address Alzaia Naviglio Grande, 12 Milano
Tel 02 89 42 22 61
Site http://www.officina12.it/

Open Mon–Sat 19:00~24:00, Sun 19:00~23:00 ,
Sat–Sun 12:00~15:00
Budget 일 인당 35유로부터

PRINCI
프린치

밀라노에서 인기를 얻기 시작하여 이미 런던
등 다른 유럽 국가에 체인점을 내기 시작한 베
이커리 '프린치'. 많은 밀라네제들이 간편하게
점심 한 끼를 떼우기 좋아 즐겨 찾는 곳이기도
하다. 밀라노의 핫플레이스 곳곳에 자리 잡고
있어서 쉽게 발견할 수 있으며 혹 찾기 힘들면
근처에서 아무에게나 "princi?" 라고 묻기만 해
도 찾을 수 있을 정도. 밀라네제들의 감각을 쏙
빼닮은 세련되고 모던한 인테리어에 적당한 가
격, 거기다 맛도 있어서 나 역시 이탈리아 친구
들과 즐겨 찾는 곳. 크리미한 에스프레소와 딸
기가 가득 올라가 있는 딸기 타르트가 정말 맛
있다. 네모난 조각의 피자들도 최고! 화덕이 있
어 바로 만들고 굽기 때문에 피자의 경우 더욱
이 믿음이 간다. 5유로면 한 끼를 충분히 배부
르게 해결할 수 있다(음료제외).

Address Via Speronari 6, milano
Site http://www.princi.it/
Open 09:00~18:00

DAMA
BUGATTI
20 EURO
A SCELTA
Peter Phillips
IM LICHTE HOLLANDS
La leggenda
del
collezionismo
Le quadrerie
storiche ferraresi

브레라 마켓

30년 동안 인지도를 넓혀온 브레라 마켓. 밀라노의 브레라 존에는 브레라 국립미술원이 자리 잡고 있어 많은 아티스트들이 모인다. 또 분위기 있는 갤러리, 카페, 상점들이 즐비해 있는데 관광객들에게는 아직 잘 알려지지 않았다. 나빌리오 존과는 또 다른 매력으로 승부하는 곳. 미술을 좋아하고 디자인에 관심이 많은 사람들이 삼삼오오 모여 주말만 되면 북적인다. 브레라 국립미술원은 17세기 이후의 대작을 전시해둔 미술관이자 국립도서관으로 나폴레옹의 지원을 받았던 미술학교다. 1776년에 처음 열어 200년이 넘는 역사를 자랑하는데, 유명 작품들을 복원하는 모습을 실제로 볼 수 있는 기회도 있다. 브레라 미술원 뿐만 아니라 근처의 아기자기한 숍들을 구경하는 재미도 가득하고 노천 카페가 줄지어 있어 밀라노를 한껏 느낄 수 있

기 때문에, 밀라네제들이 즐겨 찾는 곳
이다. 예술적인 홍대와 가로수길의 상업
성을 절묘하게 믹스해놓은 느낌이랄까. 브레라는 밀라노에만
있는 아페리띠보 문화를 제대로 즐길 수 있는 곳이기도 하다. 우아한 앤티크
인형, 희귀한 도서들, 거울, 액자뿐만 아니라 앤티크 가구, 도자기, 화려하게
잘 보관된 고급스러운 앤티크 주얼리, 독특한 지팡이들까지 예술가들이 모
이는 곳답게 예술성 짙은 물건들로 가득 차있다. 밀라노의 중심에 위치해 있
으며 8월을 제외한 매달 셋째 주 일요일, 아침 9시부터 저녁 6시까지 70여개
의 노점들을 만날 수 있다.

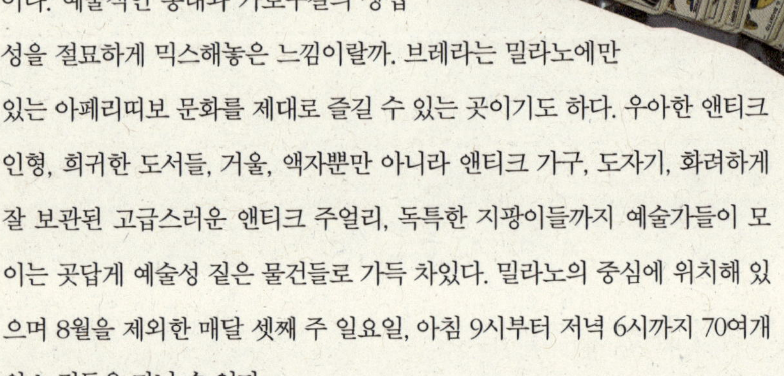

두오모 성당에서 도보로 10분 남짓 걸리는 시내 중심에 위치해 있어
접근성이 뛰어나다. 스칼라 극장을 끼고 왼쪽 길로 쭉 걷다보면 오른쪽에 브
레라 미술대학이 보인다. 맞은편 왼쪽 골목으로 들어서면 바로 브베라 마켓
의 시작이며 3개의 좁은 길목에 마켓이 펼쳐진다.

Site　매달 셋째주 일요일 09:00~18:00

TIME ristorante TIME
via Pontaccio
via Fiori Chiari
ōbikā
MOZZARELLA BAR
via San Carpoforo
Amorino
S.PELLEGRINO
via Madonnina
via Mercato
MARC JACOBS
via Brera
via del Carmine
BRERA
voli

브레라 마켓

area
pedonale

두오모에서 걸어가도 10분밖에 걸리지 않아, 가끔 날씨 좋은 날이면 나는 산책코스로 브레라 지구를 택한다. 평일 낮에는 브레라 국립미술원의 학생들로 붐비는데 길가 곳곳에 캔버스와 스케치북을 끼고 다니는 학생들의 모습을 많이 볼 수 있다. 반면 초저녁부터는 거리에 잔잔한 음악소리가 울려 퍼지며 군데군데 분위기 있게 초를 가득 켜두고 손님들을 맞이할 준비가 한창인 바들이 보인다. 관광객들에게 많이 알려진 몬테나폴레오네 명품 거리와 가깝게 위치해 있지만 분위기가 전혀 다르다. 명품 브랜드 외의 중저가 브랜드 숍들이 오밀조밀 모여 있어 밀라네제들이 선호하는데, 독특한 디스플레이나 컬러 감각을 느낄 수 있다. 의류뿐만 아니라 인테리어, 갤러리 등 다양한 볼거리들이 가득한데 이 대부분의 숍들은 빈티지와 연관되어 있다. 곳곳에 숨은 보물 같은 빈티지 숍도 많으며 둘러볼수록 볼거리들이 넘쳐나, 늘 이곳에서는 시간 가는 줄 모른다. 마켓이 열리는 일요일 아침에는 노천카페가 즐비해있는 골목 사이 곳곳에 천막이 들어서고 노점들이 분주하게 판매를 시작한다.

브레라 마켓

밀라노에 온지 1년이 채 되지 않아 아직은 적응 중이었던 어느 봄날, 브레라 국립미술원에 다니던 이탈리아인 친구 루카가 주말 브런치를 함께 하자고 브레라 지구로 나를 초대했다. 주말엔 주로 사람들로 북적이는 두오모나 산바빌라 지구를 구경하던 나는, 브레라에 뭐 볼 게 있을까 싶어 밥만 먹고 이동하려고 마음먹고 브레라 지구로 향했다. 그런데 이게 웬일, 마켓이 열리고 있는 게 아닌가! 매달 마지막 주에 열리는 나빌리오 마켓만 주구장창 가던 나에게 또 다른 새로운 마켓을 소개해주고 싶었다는 루카! 밀라노에서도 알려지지 않은, 작지만 알찬 마켓들이 스무 개 남짓 된다는 루카의 말에 아직 내가 밀라노라는 도시를 알려면 멀었구나, 라는 생각을 했다. 너무 신이나 브런치도 미루고 그때가 오후 2, 3시경이었는데…… 루카가 얼마나 배가 고팠을까 본격적인 구경에 돌입했다. 나빌리오에 비해 4분의 1 남짓 되는 작은 규모지만 좀 더 '예술'과 관련된 소품들이 많아 디자인과 미술 관련 공부를 하고 있던 나에게 많은 영감으로 다가왔다. 옆에서 배고프다고 보채는 루카 때문에 전부 구경하지 못한 나는 아쉬운 나머지 그 이후로 지금까지 특별한 일이 없는 이상 매달 셋째 주 일요일에는 브레라 마켓을, 마지막 주 일요일에는 나빌리오 마켓을 드나들었다. 열린 노점 수도 가볍게 보기 적당한데다 잘 정리정돈된 곳이 대부분에, 보관 상태나 퀄리티도 다른 마켓에 비해 상당히 높다. 그래서 가격도 다른 마켓보다 조금 높은 편. 다채롭고 다양한 볼거리들이 나를 기다리고 있고 학교 과제에 영감을 주는 것들도 많아서 이 마켓에는 주로 구경을 하는 편이다.

: 예술 작품이 주를 이루는 브레라 마켓

각종 빈티지 도자기와 주방용품을 파는 이곳 아주머니는 한참 구경하고 있던 나에게 요즘 공산품들에게선 볼 수 없는 정밀함, 정교함을 강조했다. 게다가 몇 십 년이 지났음에도 그 느낌 그대로 보존되어있는 우수한 퀄리티까지 갖추고 있다면서 하나씩 보여주었다. 앤티크의 특성상 모든 것을 세트로 가지긴 어렵다. 오랜 세월이 흐르면서 깨지는 것들도 있을 테고 잃어버리거나 이가 나간 것들도 있다. 그렇지만 패턴이나 재질, 컬러에 맞게 믹스가 가능하기 때문에 하나의 콘셉트를 가지고 맞추어 구매하면 그 어느 세트 못지않은 매력적인 콜렉팅이 가능하다.

앤티크 인형을 종류별, 크기별로 다양하게 수집해온 한 할아버지의 노점에서 난 발을 뗄 수가 없었다. 사실 남자가 인형을 좋아하고 모은다는 게 한국인 입장에서 조금은 독특하게 보일수도 있지만, 본인 취향을 존중하는 이곳의 경우 전혀 이상하게 생각하지 않는다. 특히 사람의 옷만큼이나 정교하게 바느질된 인형들의 옷이 내 눈길을 끌었다. 한참을 들여다보고 있는 나에게 앤티크 인형의 역사부터 시작해서 온갖 설명해주는 전형적인 수다쟁이 이탈리안 할아버지. 이 할아버지 덕분에 앤티크 인형에 대한 공부는 거기서 다 한 듯하다. 1930년대 이전에 만든 인형들이 골동품 혹은 앤티크로 불려진다. 앤티크 인형도 밀랍 인형, 비스크돌, 나무 인형, 종이찰흙, 포셀린돌 등으로 다양하게 나누어진다. 인형의 종류나 인형이 입고 있는 옷, 보관상태

브레라 마켓

등에 따라 가격이 천차만별이라 인형 마니아들은 좀 더 주의를 기울여 사전 조사를 한 다음에 구입을 하는 것이 좋다. 그중 제일 유명한 '비스크돌'은 도자기처럼 구워서 만드는 인형의 종류로 유럽을 중심으로 세계 각국에서 사랑받고 있다. 인형 중에 가장 사실적이고 생명력 넘치며, 도자기로 만들어졌기 때문에 가보로 대물림하는 등 아주 특별하고 진귀한 아이템이다. 독일과 프랑스를 중심으로 발전했고 가까이 있는 이탈리아를 넘어 전 세계로 팔려나갔다. 인형 제작의 황금시대인 1870~1900년대에는 점점 더 화려한 디테일과 고급 재료들을 사용하는 바람에 인형의 단가가 비싸졌는데, 이 시기

의 인형들은 지금 콜렉터들에게 가장 사랑받는 애장품이 되었다. 경매에 나가면 인형 하나에 몇천 달러를 호가할 정도. 할아버지는 눈앞에 있던 한 인형을 가르키면서 무려 2,000유로나 한다고 예를 들어 보여주기까지 했는데, 사실 밤만 되면 걸어 다닐 것만 같은 어렸을 적 사탄의 인형 처키를 너무 인상 깊게 봤나 보다 이 인형들을 그렇게 높은 가격에 사는 것을 이해할 수 없었다. 명품 가방보다 비싼 돈을 주고 모으다니! 하지만 인형은 마니아층이 두터워 가격이 높아도 금방금방 팔려 나가기 때문에 아이템이 많지 않다고. 'Antique Doll Fair'도 매년 열리는 데다 'Antique Doll Collector'라는 이름의 잡지도 매달 발행될 정도니, 그 마니아층이 얼마나 어마어마한지 알 수 있다. 이 비스크 돌을 다른 인형들과 구분 짓는 가장 큰 특징은 유약을 칠하지 않는 다는 것. 때문에 그 보송보송한 피부 표현이 100년이 지나도 변함이 없다. 빈티지, 앤티크 마켓을 구경하다 보면 가끔 인형 만들 때 쓰이는 '눈알'만 모아두고 파는 곳도 봤었는데 그런 것만 봐도 인형이 얼마나 사랑을 받았었는지 느껴지는 듯 했다.

브레라 마켓

134
VIA
MADONN

브레라 마켓

OBIKA
MOZZARELLA BAR
오비카 모짜렐라 바

브레라 뿐만 아니라 시내의 리나셴떼 백화점 꼭대기 층에도 위치해 있을 만큼 고급스러운 이미지의 레스토랑 '오비카'는 뉴욕, LA, 이스탄불, 도쿄, 런던 등 세계 각국에 이미 자리를 잡고 있을 정도로 인기 있는 레스토랑. 최고급 부팔라 모짜렐라 치즈 3종류를 이용한 음식을 맛볼 수 있고 전형적인 이탈리안 식사도 가능하다. 점심엔 10유로에 메인요리와 디저트를 즐길 수 있고 저녁시간에는 아페리띠보를 12유로

에 즐길 수 있다. 한국에서 맛보던 모짜렐라 치즈와는 차원이 다른 진정한 부팔라 모짜렐라가 듬뿍 올라간 포모도로 비올로지코(Pomodoro biologico – 마르게리타 피자와 같은 것)와 입에서 살살 녹는 제대로 된 티라미수를 디저트로 먹는다. 세련된 밀라네제들의 입맛을 사로잡은 이탈리아 요리를 느껴보자.

Address via Mercato angolo via dei Fiori Chiari. Brera – Milano
Site http://www.obika.it/
Open Mo–Fri 12:00~15:30 ,18:30~24:00
      Sat–Sun 12:00~24:00

AMORINO
아모리노

이탈리아어로 '큐피드'라는 의미의 아모리노는 뜻에 맞게 큐피드가 마스코트다. 두 명의 친한 친구 사이에서 2002년에 태어난 아모리노 젤

라떼리아. 인공 색소나 인공 맛을 넣지 않은 유기농을 내세운 최고 품질의 이탈리아 젤라또가 파리에서 선풍적인 인기를 끌면서 여행객들에게도 인기가 많아 많은 유럽 여행객들이 꼭 한번은 먹고 가는 정도. 블로그에서도 심심찮게 아모리노 후기를 찾아볼 수 있다. 다른 젤라떼리아들과는 차별화하여 콘에 담아줄 때 꽃모양으로 담아주는데, (컵에 먹는 경우는 꽃모양이 나오기 힘들다) 여심을 흔드는 너무나도 사랑스러운 이벤트다. 젤라또뿐만 아니라 초콜렛, 쉐이크, 와플, 잼 등 다양한 디저트를 만나볼 수 있고 선물용 패키지 또한 아기자기한 아모리노의 큐피드 마스코트가 박혀져 있어 한국의 친구들에게 선물하기도 좋다.

Address Via Fiori Chiari, 9 20121 Milano
Site http://www.amorino.com/

있어 쉽게 찾을 수 있다. 이탈리안 아침식사부터 브런치, 아페리띠보, 칵테일을 즐길 수 있어 선택의 폭이 넓다. 마크 제이콥스는 이탈리아인들의 커피 사랑을 너무나도 잘 알고 있기에 이곳에서 '제이콥스 블렌드' 메뉴를 만들었는데, 이 커피는 여기서만 마실 수 있다. 그의 섬세함을 느낄 수 있는 대목이다. 아침의 경우 크로와상과 카푸치노도 괜찮고 수제 햄버거 세트도 추천한다. 혹은 이른 저녁 패션 피플들이 삼삼오오 모여 칵테일과 핑거 푸드를 즐기는 아페리띠보도 환상적.

Address Piazza del Carmine 6, Milano
Open Mon~Sun 07:30~02:00

CAFÈ MARC JACOBS
카페 마크 제이콥스

2010년 밀라노에 첫 번째 '마크 바이 마크 제이콥스(marc by marc jacobs)' 매장이 오픈하면서 함께 카페&바 형태의 '카페 마크 제이콥스'를 선보였다. '마크 바이 마크 제이콥스'에서 선보이는 첫 브랜드 카페인만큼 유명한 건축가 '스테판 자클리시(Stephan Jaklisch)'가 함께 참여했다. 이탈리아만의 고풍스러우면서도 세련된 감각과 뉴요커의 트렌디함을 함께 접목시켜 많은 밀라네제들이 선호하는 핫플레이스 중 하나로 자리매김 했다. '마크 바이 마크 제이콥스'의 시그니처 컬러인 블루 간판과 천막이 한눈에 들어오는데다 성당이 있는 광장에 자리 잡고

Milano
vintage
shop

SUPER FLY

나빌리오 운하 중간쯤에 자리 잡고 있는, 작지만 독특하고 개성 있는 인테리어가 이목을 끄는 '수퍼플라이'! 직접 런던에서 바잉해 온 브리티시 빈티지 제품들을 밀라노에서 만날 수 있는 기회라 '런던 스타일'을 좋아하는 밀라네제들이 즐겨 찾는 곳이다. 물론 이탈리아 빈티지 제품도 함께 있어 두 나라의 빈티지를 모두 만날 수 있는 게 장점. 주로 50년대부터 80년대 초반까지의 빈티지를 모은다. 너무 무겁고 진지한 이미지보다 경쾌하고 쾌활한 이미지의 빈티지 스타일을 추구한다는데, 컬러풀한 숍을 보고 있으면 통통 튀는 그녀의 빈티지 스타일을 이해할 수 있게 된다. 블랙이나 모노톤 계열보다 선명한 컬러의 아이템들이 거의 대부분이다. 옷과 패션 액세서리뿐만 아니라 세라믹 도

밀라노 빈티지 숍

자기, 꽃병부터 1930년대 재떨이 등 인테리어 소품도 그녀의 취향에 맞게 디스플레이 되어있다. 다양한 프레임의 60년대 선글라스, 20년대부터 50년대까지의 가죽 핸드백, 벨트, 구두 등 종류도 꽤나 다양하다.

동글동글 특이한 모양의 무지개 빛깔 플라스틱 옷걸이와 사람 얼굴 일러스트가 그려진 유니크한 옷걸이가 벽에 액자처럼 걸려있다. 이것들 역시 60년대와 70년대의 빈티지 제품들. 벽에 걸려있는 여러 그림들에서 또한 그녀의 감각을 엿볼 수 있다.

아이보리색의 4단 케이크 트레이에 가득 찬 빈티지 머리핀, 헤어액세서리와 귀걸이들은 그녀의 세련된 눈높이에 맞춰 선택되어 온 만큼 귀걸이 한 쌍에 30유로에서부터 시작된다. 조금 비싼 감이 있지만 그만큼 퀄리티가 보장되어 있다. 나빌리오 마켓이 열리는 매달 마지막 주 일요일에는 숍 앞에 노점을 만들어 숍 안에 디스플레이되지 못한 옷부터 가방, 의자, 인테리어 소품 등을 다양하게 팔고 있다. 영어를 잘하기 때문에 관광객들도 마음 편히 구경할 수 있고 물어볼 수 있어서 편하다.

Address Ripa di Porta Ticinese 27, Naviglio Grande, Milano
Site www.superflyvintage.com
Open Tue–Sat 11:00~20:00
　　　　 Sun 15:00~19:00

FRANCO JACASSI

가게가 아닌 쇼룸 형식의 이곳은 1986년에 열어 벌써 30여 년 가까이 되어가는 전통 있는 빈티지 쇼룸. 주인인 프랑코 아저씨가 전 세계에서 이런 빈티지 쇼룸은 단 하나뿐이라는 점을 강조하며 이것저것 소개를 해준다. 빈티지 의류, 액세서리뿐만 아니라 빈티지 원단, 단추, 자수, 버클 등의 종류가 어마어마하게 많은 게 장점이다. 그래서 리서치를 하러 오는 디자이너들로 가득 차는데, 입생로랑의 스테파노 필라티 역시 프랑코 아저씨의 오래된 친구라고 한다. 내가 취재를 갔을 때에도 몇 명의 디자이너들이 찾아왔는데 베르사체의 빈티지 드레스를 찾고 있었다. 아저씨는 요즘 다들 베르사체를 찾는다며, "H&M과 함께 콜라보레이션한 덕분인가?"하며 껄껄 웃었다. 샤넬, 푸치, 디올, 구찌, 에르메스, 발렌시아가 등 다양한 브랜드뿐만 아니라 이름 없는 드레스들까지 예쁘면 수집한다. 네임 밸류는 없지만 브랜드 제품 못지않게 하이 퀄리티 핸드메이드 작품이며 그리 비싸지 않은 가격에 예쁜 이브닝드레스를 득템할 수 있기 때문이다. 브랜드 제품들은 보통 천유로가 넘어가는 것들이 기본인 반면에 이것들은 몇 백유로 선에서 해결할 수 있다. 가격이 비싼 만큼 '대여'도 가능하다. 많은 디자이너들이 리서치를 위해 대여를 하고 한 달 뒤에 반납을 한다. 나 역시 패션 관련 빈티지 직물들을 보는 순간 머릿속에 옷이 그려졌으니 정말 빈티지에서 얻는 영감은 대단한 거 같다. 칼 라거펠트, 톰 포드 등 유명한 디자이너들은 밀라노를 들를 때마다 이곳에 온다고 한다. 디자이너뿐만 아니라 헐리우드 배우들도 사전에 약속을 잡고 온다는데, 그중에서도 클로에 세비니가 자주 온다고. 보통

유명인들이 올 때는 쇼룸을 닫고 그들을 위해서만 일하기 때문에 만나기는 힘들다. 프랭코 아저씨는 본격적으로 빈 티지 쇼룸을 시작하기 전인 80년도에 한국 고객들을 위해 텍스타일 컨설턴트도 했다고 한다. 총 3개의 층으로 이루 어져 있는 쇼룸의 지하에는 좀 더 많은 남자 옷과, 캐주얼 한 저렴한 옷들, 그리고 오래된 빈티지 잡지들과 패션 일 러스트, 텍스타일 디자인 등 다양한 패션 관련 서적들이 가득 차있다. 이곳에 오면 다른 곳을 볼 필요 없이 모든 것 들을 만날 수 있어 많은 디자이너들이 찾는다고 한다.

Address via Sacchi 3, Milano
Site www.vintagedeliriumfj.com
Open Mon–Fri 10:00~13:00 / 14:00~19:00
　　　　Sat by appointment

BAZAR

추억을 파는 이곳 'BAZAR'는 나빌리오 운하 한가운데 위치해 있으며 나빌리오 마켓이
열리는 날이면 가게뿐만 아니라 노점에도 아이템을 세팅해놓아 많은 사람들의 관심을
받는 곳이다. 몇 십 년 전 아기들이 타던 목마, 녹슬고 한쪽 바퀴가 찌그러진 세발자전
거 등 세월의 흐름을 모아 수집하는 공간. 정리되어있는 건지 아닌지, 파는 물건인지 버
리는 건지 분간이 안 될 정도로 무질서하게 탑 쌓듯이 나열된 오브제들은, 마치 고물상
을 연상시키기도 한다. 안쪽 벽 한켠엔 벽난로가 피워져 있고 담배 한대를 입에 물고
컴퓨터 작업 중인 주인 아저씨를 만날 수 있다. 직접 턴테이블에다 손수 고른 LP 음반
을 틀어놓았는데 이곳의 분위기와 너무 잘 어우러져 구경하는 내내 추억에 잠길 수 있

게 해줬다. 한쪽 공간에는 천장까지 책꽂이를 만들어 놓아 오래된 빈티지 서적들이 가득 차있다. 오래 묵어서 노랗게 변한 책에서 나는 오래된 종이 냄새를 난 좋아한다. 겉표지가 예쁘고 빈티지스러운 책들을 이래저래 뒤적거리다 마음에 드는 아동용 서적을 발견했다. 큰 서랍장부터 작은 의자, 협탁 등 빈티지 가구뿐만 아니라 오래되고 낡은 소품들은 사람들의 추억을 불러일으키기에 충분해 젊은이들보단 노년층이 더 즐겨 찾는다. 곳곳에 소소한 소품들을 구경하다보면 끝도 없을 정도.

Address Ripa di Porta Ticinese 27, Naviglio Grande, Milano

NIPPER

알폰소 부부는 '과거의 사물'에 대한 남다른 열정과 애정으로 1999년 5월 이곳 나빌리오 운하 끝자락에 가게를 냈다. 이곳은 30~50년대의 텔레비전, 전화기·라디오, 800년대의 축음기, 마이크, 턴테이블 등 소리와 관련된 사물들을 주로 모은다. 타자기, 계산기, 빈티지 광고 그 밖의 다양한 골동품들을 임대할 수 있어서 화보 촬영용이나 쇼윈도 혹은 매장 디스플레이용으로 빌려가는 경우가 매우 많다. 오래된 고물 라디오를 가지고 가면 수리와 복원도 가능하다. 빈티지 마켓에서 구입한 라디오가 작동이 안 되어 이곳에 들고 가서 고친 적도 있다. 들고 오기 쉬워 구매가 가능한 전화기 같은 경우에도 종류가 너무 많고 색깔, 디자인 하나하나 조금씩 다 달라 무엇을 사야할지 고민이 되기도 한다. 마치 50년대의 영화 속에 들어와 있는 느낌을 받게 하는 알록달록한 주크박스

 밀라노 빈티지 숍

부터 GULF, SHELL사의 주유기까지! 도대체 이런 건 어디서 가지고 왔는지 의문이 들 정도로 매력적이고 신기한 물건들로 가득 차있다. 매년 4월 밀라노에서 열리는 '가구 박람회'에도 매년 참여하고 있을 정도로 이미 규모가 크고 인지도가 높다(그 밖에 다양한 박람회도 참가). 꼭 사지 않아도 마치 작은 박물관을 구경하는 것 같기 때문에 한번쯤은 둘러보길 추천한다.

Address Ripa di Porta Ticinese 69, Milano +39 02 83 76 847
Site www.nipper.it
Open Wed–Sat 14:00~20:00

Vintage
CAVALLI & NASTRI
AUDREY HEPBURN
COLAZIONE
DA TIFFANY

CAVALLI E NASTRI

브레라 대학 근처에 위치하고 있는 이곳은 두오모에서도 도보로 10분 남짓 걸려 빈티지에 관심 있는 사람이라면 두오모를 거쳐 한번쯤 둘러보길 추천하는 곳. 알록달록하면서 차분한 내부 인테리어와 마켓과는 다르게 조용하고 편안한 분위기에서 구경할 수 있다는 게 장점. 1800년대 후반부터 1980년대까지의 드레스와 재킷, 에르메스, 구찌, 샤넬의 스카프, 코로(coro), 트리파리(trifari) 같은 미국 브랜드 주얼리 혹은 이태리나 프랑스 주얼리 그리고 빈티지 백도 많이 찾아 볼 수 있다. 또한 램프나 테이블, 인테리어용 소품도 수집하고 팔기도 한다. 빈티지 제품들뿐만 아니라 오래되지 않은 명품들을 사기도 한다. 하지만 부티크 개념으로 비싼 편이다. 모스키노 재킷의 경우에는 매번 갈 때마다 발견할 수 있는데, 보통 200유로에서 300유로정도 하는 편.
비아 모로에는 또 다른 두개의 쇼룸이 나란히 붙어 있다. 하나는 오로지 빈티지 제품

만을 취급하고 다른 하나는 남자 빈티지제품과 가구들을 판매한다. 브레라 매장과는 조금 거리가 있지만 트램을 타면 쉽게 접근이 가능하다. 나도 지나가다가 어쩐지 분위기가 비슷하다 했더니 같은 가게였다. 한국처럼 어떤 장소가 유행하면 그 한곳에 몰려드는 것이 아니라 골목골목 본인들만의 개성을 빛내면서 꾸준히 그 자리를 지키고 있는 게 이곳의 매력. 요즘은 인터넷 쇼핑몰도 만들었으니 한국에서도 구경이 가능하다.

Address Via Brera 2, Via Gian Giacomo Mora 3/12 , Milano
Site www.cavallienastri.com
Open Mon 14:30~19:30
　　　　 Tue–Sat 10:30~19:30

밀라노 빈티지 숍

SERENDEEPITY

전혀 생각지도 못했던 성과를 흔히 '세렌디피티'라고 한다. 독특한 매력으로 매니아 층을 많이 가지고 있는 이곳 '세렌디피티'는 그 의미에 맞게 밀라노에서 처음으로 생긴 뮤직, 디자인, 아트, 문화가 합쳐진 '콘셉트 스토어'. 음반 파는 곳이라 생각하고 들어갔는데, 빈티지 숍도 함께 있을 줄이야! '세렌디피티'를 한마디로 정의하자면 실험실이라고 하고 싶다. 긍정적인 에너지와 창의성, 열정이 엇갈리는 교차로. '세렌디피티'는 다양한 혁신적 개념 저장소로 평범한 상점이 아닌, 함께 즐기고 편안하게 감상도 할 수 있는 여유 공간이다. 1층은 LP 음반과 CD 음반들을 팔고 디제이 부스도 설치되어 있어 가끔 작은 이벤트 겸 파티를 주최하기도 한다. 음반 가게답게 헤드폰과 각종 액세서리를 팔고 있으며, 안쪽으로 들어가면 50년대 이후의 모던한 가구들과 인테리어 소품들을 가져다 놓았다. 가구와 함께 중간중간 아티스트들의 작품들도 걸려 있고 특히 독특한 디자인의 램프들이 볼만하다. 센스 있는 디스플레이 자체로도 많은 영감을 주는 편. 지하로 내려가면 빈티지 의류 부티크가 있다. 스타일리스트와 디자이너들이 참여해 그들의 작품을 전시하고 참여하기도 하며 레어한 빈티지 아이템을

만날 수도 있다. 음악과 예술, 패션 세 분야의 유행을 한꺼번에 느낄 수 있다는 게 장점이다. 독창성
이 가게의 철학이며, 도시의 활력에 기여하는 것을 목표로 운영하고 있다.

Address Corso di Porta Ticinese 100, Milano
Open Mon 15:00~20:00
　　　 Tue–Sat 10:00~20:00
　　　 Sun 15:00~20:00
Site www.serendeepity.net

밀라노 빈티지 숍

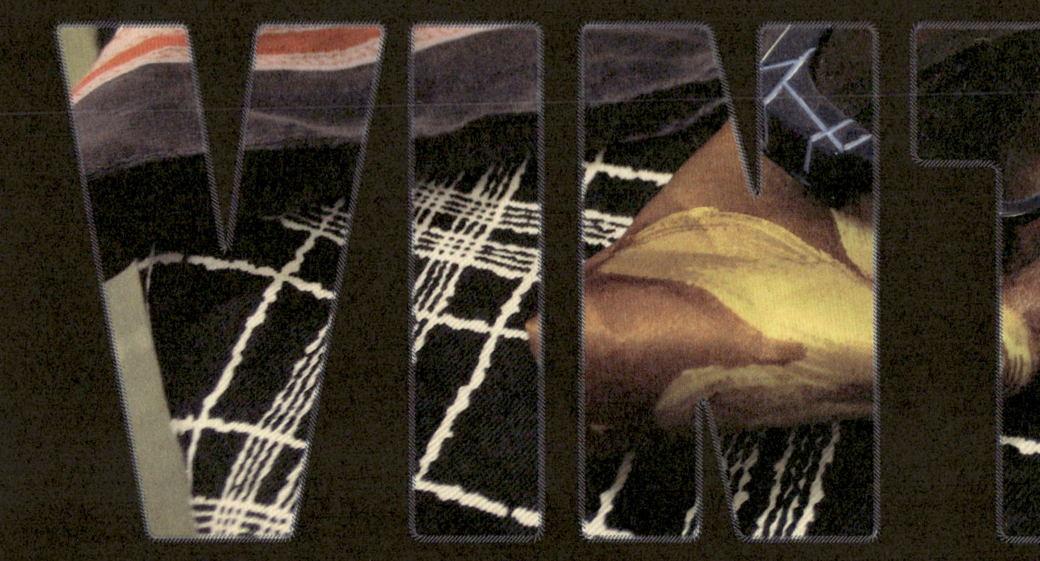

빈티지에 관심이 많아 빈티지 마켓이나 숍을 찾아 가거나 빈티지 아이템을 구입하고 싶은 사람들에겐 기초 상식과 사전 조사는 필수! 여기저기 많이 돌아다녀 보면 알겠지만 시대별, 브랜드별, 셀러브리티들이 입은 것 등에 따라 가격이 천차만별이다. 가장 기본적인 빈티지, 앤티크의 정의부터 시대별 빈티지룩, 빈티지 액세서리와 주얼리의 역사 등을 참고해 내가 원하는 스타일을 먼저 파악해보자!

AGE
STYLE

빈티지란
무엇인가?

　　빈티지란 원래 '포도가 수확된 해' 또는 '와인의 생산연도' 등을 의미한다. '빈티지 와인'이라 하면 특정한 해에 얻은 질 좋은 와인이라는 뜻인데, 숙성된 포도주처럼 오래되어도 가치가 있는 것, 물건 혹은 유행이라는 뜻으로 쓰이기 시작했다. 처음에는 적어도 50년 이상 오래된 차를 '빈티지 자동차'라고 쓰기 시작한 것이 발단이 되었다고 한다. 그 후에 세컨핸드 옷을 팔던 한 딜러가 오래된 옷을 묘사하기 위해 '빈티지'를 언급했고 그 이후 많은 셀러와 바이어들이 '빈티지 룩', '빈티지 스타일' 등의 단어를 사용하기 시작했다. 아직도 많은 사람들이 혼란스러워하는 오래된 옷들은 4가지 카테고리로 나눌 수 있다.

Antique 앤티크

1920년대 이전의 것들(주로 19세기, Le Belle èpoque 시대).
오래된 만큼 컨디션이 양호한 제품을 찾기가 힘든 편. 주로 콜렉터들이 소장용으로 구입.

Vintage 빈티지

1920년대부터 1980년 초기까지의 모든 것.

Retro 레트로

주로 60년대와 70년대의 캐주얼웨어를 언급.

Secondhand 세컨핸드

구제를 말하는데 주로 80년대 초기의 모든 것.

사실 빈티지 전문가가 아닌 일반인들 사이에선 의미상 구별이 어려워, 보통 오래된 물건이나 누군가 쓰던 물건 자체를 '빈티지' 혹은 '앤티크'라고 말한다. 가장 분명한 것은 지금으로부터 25년이 덜된 것들은 빈티지가 아니라는 것이다. '빈티지 패션'은 역사와 전통, 시간과 유행의 흐름을 한눈에 파악할 수 있는 오리지널 디자이너 레이블과 세컨핸드 제품을 총망라한다.

오늘날 패션의 교과서인 빈티지의 매력은 최근의 대량 생산과 패스트 패션에서 만날 수 없는 '희소성'과 '장인정신'이 아닐까?

알렉사 청

나의 뮤즈이기도 한 그녀는 이름에서 알 수 있듯이 중국계 혼혈이다. 그녀는 키 173의 우월한 기럭지와 매력 있는 페이스로 모델, MC, DJ 등 다양한 분야에서 활발하게 활동하고 있는데, 그녀를 빼고서는 빈티지를 논할 수 없다고 해도 과언이 아니다. 전 세계적으로 패셔니 스타는 많지만 '빈티지 패셔니 스타'는 찾기 드물기 때문에 스타들 사이에서 그녀의 존재감은 독보적이다. 멀버리에서 그녀의 이름을 따 '알렉사 백'을 만들 정도이니, 그녀의 인기를 실감할 수 있다. 또한 그녀는 믹스 앤 매치의 달인이며, 특히 클래식하면서도 과하지 않은 빈티지 패션을 선보이기 때문에 일반인들이 참고할 만한 코디가 많은 편.

　　다양한 소재와 컬러의 빈티지 스트라이프 아이템을 트렌치코트 혹은 심플한 가디건과 함께 센스 있게 코디하는 그녀. 쭉 뻗은 긴 다리에 잘 어울리는 데님 핫팬츠는 정말 모든 소녀들의 로망이 아닐까? 공포의 '청+청 코디'도 루즈한 데님셔츠와 데님 스키니진으로 멋지게 소화해내는 그녀는 런던의 빈티지 숍과 마켓에서 종종 목격된다고 한다. 데님과 스트라이프 이외의 아이템으로도 갖은 센스를 발휘하는데 체크셔츠, 트렌치, 도트, 레오파드, 플로럴 프린팅, 페도라 등 빈티지에서 만날 수 있는 모든 것들을 그녀의 사진에서 볼 수 있다.

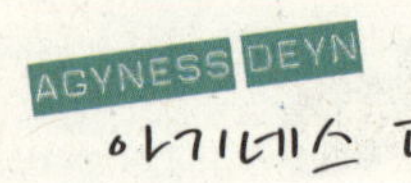

아기네스 딘

　　런웨이에서보다 일상생활에서 더 주목 받는 빈티지 락시크 스타일의 런던 대표 모델 아기네스 딘! 10등신의 완벽한 몸매가 그녀의 스타일을 한층 더 시크하게 만들어 준다. 그녀의 숏커트는 매니시 하면서도 페미닌한 매력을 동시에 보여주는데,

이로 인해 그녀의 매력은 한층 더 돋보인다심지어는 삭발도 어울리는 그녀. 옷도 그에 맞게 때론 페미닌하게, 때론 매니시하게, 때론 믹스 매치해서 그녀만의 센스를 보여주는데 본인이 직접 리폼하는 것도 즐긴다고 한다. 컨버스, 라이더 재킷, 옥스퍼드화, 블랙 스키니를 즐겨 입는데 특히나 스터드, 옷핀 같은 디테일이 박힌 강한 느낌의 아이템들을 잘 소화 해낸다. 상의는 박시한 실루엣을 하의는 스키니한 실루엣을 선호하는 이들에게 추천하는 빈티지 아이콘.

헝클어진 금발에 하얀 얼굴, 레드립이 너무나도 잘 어울리는 그녀. 머리끝부터 발끝까지 빈티지스러운 그녀 클로에는 모델 겸 배우로 활동하고 있으며, 우리나라의 패셔니스타 김민희의 롤모델이기도 하다. '재킷' 스타일이 특히나 멋스러운데 다양한 컬러의 매니시한 재킷을 입은 그녀의 코디는 세련되면서도 빈티지하고 러블리한 분위기를 동시에 풍긴다. 74년생으로 적지 않은 나이임에도 불구하고 통통 튀는 스타일로 많은 빈티지 마니아 팬층을 확보하고 있는 그녀. 개인적으로는 공식석상에서의 드레스업된 글래머러스한

클로에 세비니

모습보다 일상 파파라치 컷에서 보이는 무심한 듯 시크한 그녀만의 빈 티지 스타일을 더 좋아한다. 그녀가 즐겨 찾는다는 밀라노의 한 빈 티지 쇼룸에 들락날락 거리다 쇼룸에서 떠나는 그녀와 옷깃을 스 친 적이 있다. 그녀가 고심하며 쇼핑하는 모습이 궁금했었는데 말 이지……

'이지 룩'을 잘 입기로 유명한 키얼스틴은 과하지 않은 내 추럴 빈티지 룩을 즐겨 입는다. 그녀하면 떠오르는 아이템은 '레이벤 선글라스', '플랫슈즈', '빈티지 샤넬백' 등. '돌려 입기 신공'이라고도 불 리는 그녀의 코디에서는 중복되는 아이템이 꽤 눈에 띈다. 파파라치 사 진을 자세히 보다보면 알 수 있다. 트렌치 코트와 브라운 재 킷, 체크 셔츠는 그녀의 코디에 매번 등장하는 아이 템이다. 평소 뉴트럴 컬러 위주로 착용하고 힐 보다는 플랫, 로퍼를 즐겨 신는다. 베이직한 아이 템을 빈티지스럽게 착용하거나 혹은 빈티지 아이템과 함께 착용하니, 심플한 룩을 즐겨 입는 사람들이 참고하면 좋을 것 같다. 다른 연예인들에 비해 명품에만 목숨을 걸지 않아 더욱 인기가 많은 듯하다. 레드카펫

키얼스틴 던스트

이나 공식석상에서 조차 가끔 '빈티지 드레스'를 입고 등장한
다고 하니, 그녀의 빈티지 사랑을 확인할 수 있겠지?

패션위크만 되면 외국 스트리트 패션에 빠지지 않고 올라
오는 핫한 모델 강승현. 뉴욕뿐만 아니라 세계 각국의 러브콜을 받고 있는
세계적인 모델이다. 빈티지를 좋아하고 즐겨 입는 그녀는 이미
뉴욕 소호에 '리본 프로세스 Reborn Process' 라는 빈티지 숍
까지 운영할 정도. 본인이 모델을 할뿐만 아니라 디자이너로도
활동하고 있다. '리본 프로세스'는 LA나 샌디에고 등지의 플리 마
켓과 빈티지 숍에서 바잉해 온 것들을 새롭게 리폼하고 직접 디자인하여
팔고 있다. 그래서 단 하나뿐인 유니크한 빈티지
제품을 구입할 수 있는 곳. 베이비페이스에 메이크
업에 따라 무한변신이 가능한 그녀는 퍼와 데
님 재킷, 가죽 팬츠, 니트나 컬러풀한 셔츠를
즐겨 입는다. 그녀의 사랑스러운 '레이어드
룩'은 정말이지 따라 입고 싶게 만든다.

20'

'활활 타오르는 20년대'라고
흔히들 표현하는 이 10년간은, 틀림없이 패션계에서 가장 대담한 시
대일 것이다. 여자들은 숨지 않고 공개적으로 흡연과 음주를 시작했으
며 1900년대의 다소 딱딱한 규칙들에 저항하기 시작했다. 가슴을 밋밋
하게 붕대로 감거나 평평하게 보이는 브래지어를 착용하여 남자와 여자의
평등을 표현하기도 했다. '재즈의 시대'에 걸맞게 음악과 춤에 대한 열광이
엄청났으며 그에 따라 탱고에 대한 인기가 높아졌으며 그와 함께 탱고 드레
스홀터넥 드레스가 생겨났다. 요즘도 파티용 드레스나 여름용 상의에서 흔히 볼
수 있는 '홀터넥'이 탱고에서부터 비롯된 것이라니, 역시 유행은 돌고 돈다.

뿐만 아니라 여성의 스포츠에 대한 관심도 높아져서 여자가 남성 의류 매장에서 테니스 스웨터를 구입하기도 했다. 이전처럼 가슴과 허리, 힙을 강조해 여성스러운 곡선미를 추구하는 스타일이 아닌 직선적인 실루엣의 보이시한 룩이 유행하게 되면서 자연스레 다운 웨이스트 라인이 형성되었다. 무릎에서 종아리 정도 길이의 스커트에 여자답지 않은, 남자 같은 룩이라고 해서 '말괄량이 스타일Flapper style'이라 불렸다. 플래퍼 패션 스타일을 프렌치로는 '가르손느garçonne'라고 하기도 한다. 이 시대에는 헤어스타일이 비교적 과감했다. 그전까지의 여성스러운 긴 머리를 과감하게 단발로 잘라버리는 여성이 많았고 귀를 덮고 눈썹까지 내려오는 머리에 딱 맞는 모자가 유행하게 되었는데 이를 클로쉐Cloche라고 한다.

우디 앨런의 영화 〈Midnight in Paris〉에 등장하는 마리옹 꼬띠아르의 패션을 눈여겨보면 1920년대 스타일을 한눈에 이해하기 쉽다. 이 영화의 배경은 로맨틱한 도시 파리이며 극중에서 마리옹 꼬띠아르는 패션 디자이너로 나온다. 영화 중반쯤에는 무려 파리의 생투앙 마켓이 등장하기도 한다. 앞서 설명한 20년대 패션의 특징인 짧은 머리에 클로쉐, 다운 웨이스트 라인 등 전형적인 플래퍼 스타일을 잘 표현하고 있다. 가방 역시 20년대 유행했던 메탈 매쉬백을 자주 들고 나온다.

　20년대에 가장 영향을 준 디자이너들 중 한명인 코코 샤넬은 일찍이 여성들에게도 딱 붙고 답답한 소재의 옷이 아닌 편안한 옷이 필요하다는 것을 감지했다. 그녀는 뉴트럴 컬러베이지, 네이비, 블랙를 중심으로 샤넬의 아이코닉한 '샤넬 수트'를 트위드 소재로 만들기 시작했다. 군더더기 없이 세련된 'Little Black Dress' 또한 샤넬의 잘 알려진 대표적인 작품.

30's

경제적으로 우울한 시기였던 30년대부터는 본격적으로 여성성이 강조되기 시작했다. 가슴라인을 살려주는 브래지어를 착용하기 시작했고 20년대의 다운 웨이스트 라인이 제자리로 돌아왔다. 또한 허리가 강조되었으며 헴 라인이 바닥에 닿을 정도로 길이가 길어졌다. 또한 이 시기에 바이어스 재단의 여왕 마들렌 비오네는 엘레강스한 바이어스 재단을 개척했다. 여성들은 폭이 넓은 바지와 캐서린 햅번이 즐겨 입던 매니시한 스웨터를 입기 시작했다. 어깨에 패드를 삽입해 더 넓어진 어깨 디자인은 30년대 여성복 스타일의 대표 이미지로 굳어졌다. 드레스의 경우 대부분 슬리브리스 디자인이었다.

건강 및 피트니스 문화가 번창하면서 가볍고 더 웨어러블한 원피스 수영복이 등장 후반엔 투피스 수영복도 등장했고 쇼츠는 여자들의 옷 장에 빠질 수 없는 필수 아이템이 되었다. 클로쉐에 이어 30 년대에도 꾸준히 모자의 인기가 지속되고 있었는데 베레모와 와일드 브림햇창이 넓은 모자, 특별한 날에는 깃털과 베일 장식으로 화려한 필복 스 등을 즐겨 착용했다. 희귀한 혁명가 중 한명으로 선정된 엘자 스키아파렐 리Elsa Schiaparelli는 1935년 이후 독특한 자수와 액세서리를 모자에다 활용하는 가 하면 살바도르 달리와의 콜라보레이션을 통해 패션과 초현실주 의 예술을 통합하기도 했다.

헤어스타일에도 변화가 있었는데 20년대보다 조금 더 웨이브가 강해진 일명 '물결펌'으로 화려해지고 좀 더 볼륨감 있는 헤어가 주를 이루었다. 이는 모자에 특히 어울리는 헤 어스타일이었다. 내가 1930년대 패션을 좋아하는 이유 중 하나 인 '옥스퍼드 슈즈'의 출현 역시 빼놓을 수 없다. 수많은 디자인의 구두 중에서도 옥스퍼드 슈즈가 유행했던 이유는 낮은 굽으로 실 용성을 강조했기 때문. 요즘도 레페토뿐만 아니라 다양한 브랜드에 서 꾸준히 만들어 내고 있는 이 옥스퍼드가 무려 30년대의 아이템 이라니! 너무 재밌는 사실이 아닌가?!

40'

제2차 세계대전 1939~1945은

패션에도 영향을 미쳤는데, 옷을 만들 때 정해진 양의 직물만 쓸 수 있게 제한하기 시작하면서, 1인당 1년에 한정된 의복만 구입할 수 있도록 제한하는 쿠폰제가 도입되었다. 의복 자체는 모든 디테일들이 삭감되고 실용성을 더욱 강조하게 되었는데, 패션에 대한 관심과 인기 역시 다른 시대에 비해 상대적으로 많이 줄었다. 여자들은 허리가 더욱 피트되고 어깨 부분은 각진 스타일의 밀리터리 재킷, 드레스, 수트를 즐겨 입었고 슬림한 스커트와 무릎 기장이 유행했다. 컬러의 경우 최소한의 컬러만 사용하도록 했다.

파리가 점령되면서 오뜨꾸뛰르 하우스에도 크게 영향을 미쳤는데, 실크로 제작하던 옷들은 다양한 프린팅이 가능한 레이온으로 대체되었다. 1947년 크리스찬 디올이 훨씬 더 여성스러운 슬림한 라인으로 각진 어깨를 둥글게, 스커트는 더 길고 퍼지게, 허리는 더욱 타이트하게 디자인한 '뉴 룩'을 발표하면서 기존의 실루엣과는 차별화된 고급스러운 느낌으로 전 세계적인 센세이션을 일으켰다.

Dior

내가 좋아하는 배우 레이첼 맥아담스가 주인공으로 나오는 영화 〈노트북〉은 1940년대 전쟁이 발발했을 즈음을 시대적인 배경으로 삼고 있다. 앨리의 패션은 핀업걸 초기 스타일을 잘 나타내고 있다. 컬이 들어간 금발에 레드 립스틱, 다양한 프린팅 원피스에 스트랩 슈즈까지. 머리부터 발끝까지 사랑스럽기 그지없다. 빈티지 원피스의 패턴이 부담스러운 사람들은 위에 같은 톤의 카디건이나 아우터를 매치해주는 것도 좋은 방법. 화려한 패턴이 아닌 심플한 원피스의 경우 모자와 장갑, 진주 목걸이 등으로 포인트를 준 룩을 볼 수 있다.

50'

고급스러운 소재와 함께 경사진 어깨 라인, 피트된 한 뼘 너비의 허리 라인과 그에 대조적으로 풍성한 플레어스커트의 '뉴룩'은 50년대 초반까지 패션을 지배하고 있었다. 전쟁이 끝나고 차츰 삶과 경제가 나아지면서 40년대의 각종 제약에서 벗어나게 되었고, 사람들은 여성스러운 모래시계 실루엣에 열광했다. 몸에 꼭 맞게 피트된 맞춤 정장에 손목길이의 장갑을 끼고 잘 어울리는 모자와 핸드백을 매치한 이 패션은 50년대의 공식적인 일상복이 되었다. 보다 편안한 복장을 위해 코튼 소재에 프린팅된 드레스와 원형스커트는 크리놀린과 함께 착용했다. 디올을 시작으로 지방시, 발렌시아가 등 많은 디자이너들이 'A라인', 'Y라인', 'H라인'같은 각종 라인의 스커트를 디자인하기 시작했다. 헐리우드 배우들이 전 세계 각국에서 인기가 높아지면서 미국 문화가 유럽 등지에 퍼져나갔는데, 글래머러스하고 고혹적인 마릴린 먼로와 함께 오드리 햅번도 이 시대에 선풍적인 인기를 끌었다. 영화 '퍼니페이스'에서 볼 수 있는 오드리 햅번의 의상들이 50년대를 대표한다고 말할 수 있다.

40년대부터 인기를 얻기 시작한 아티스트 질 엘그렌^{Gil Elvgren}의 '핀업걸' 일러스트 역시 계속해서 인기를 이어갔다. 섹시하면서도 사랑스럽고 귀엽게 표현된 50년대의 핀업걸 일러스트는 몇 십 년이 지난 지금도 여러 분야에 사용되고 있다. 파우치나 화장품 케이스에 프린트되어 있어서 우리에게 친숙한 이것들은 모두 사진을 바탕으로 그린 일러스트라는 사실!

60'

'미니멀리즘', '트위기', '비틀즈', '히피', '모즈룩' 등이 60년대의 대표적인 키워드! 우리에게 꽤나 익숙한 60년대에는 '사랑, 평화, 자유, 화합, 존중'을 추구하는 젊은 집단들이 만들어낸 히피 문화 혹은 히피 운동이 전 세계적으로 발발했던 시기다. 히피하면 떠오르는 무지개 빛의 화려한 프린팅과 자연 친화적인 프린팅, 헤어 액세서리가 그들을 대

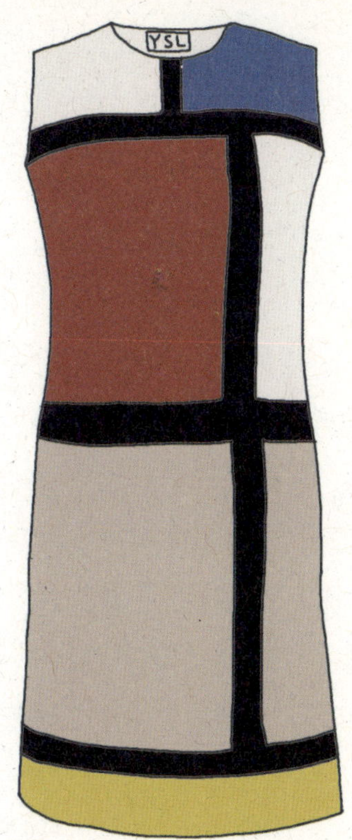

표했는데 이는 오늘날도 보헤미안룩, 히피룩으로 불리며 매번 S/S 시즌이 되면 어김없이 등장하는 핫 키워드다.

이와 함께 60년대를 대표하는 모델 트위기는 그녀만이 가지고 있는 독특한 매력에 수많은 사람들이 매료되면서 엄청난 센세이션을 일으켰는데 깡마른 몸에 보이시한 숏커트, 과한 듯한 속눈썹과 짙은 눈 화장이 그동안 보지 못했던 새로운 룩을 만들어 내어 '트위기 룩' 열풍이 커져갔다. twiggy는 잔가지라는 의미로 앙상하고 말랐다는 의미에서 그녀의 별명이 되었다. 독특한 페이스와 과감하고 컬러풀한 패턴의 심플한 미니 드레스와 함께 컬러풀한 스타킹과 장갑, 플랫 슈즈/플랫 부츠를 매치해 나름의 매력을 이루었다. 여성 패션의 아이콘이 트위기였다면, 남자들의 핫 아이콘은 비틀즈. 일명 바가지 머리라고 불리는 머시룸 컷과 함께 매치한 좁은 폭의 넥타이는 자칫 평범할 수도 있는 댄디룩을 한층 더 업그레이드 시켰다.

60년대에 마리 콴트^{Mary Quant}로 인해 처음으로 등장한 '미니스커트'의 열풍도 빠질 수 없다. 이와 함께 신선한 충격을 준 입생로랑의 몬드리안 룩은 60년대를 대표하는 작품이다. 영화 〈팩토리걸〉의 주인공이자 앤디워홀의 뮤즈이기도 한 이디 세즈윅은 트위기와 더불어 60년대를 대표하는 패션 아이콘으로 미니스커트하면 떠오르는 인물이다. 기하학적인 프린팅에 블랙 타이즈, 샹들리에를 연상시키는 거대한 귀걸이와 그걸 돋보이게 하는 숏커트까지! 영화 속에서는 시에나 밀러가 그녀의 역할을 맡았는데, 몇 십 년이 지난 지금 돌이켜봐도 촌스러운 구석 하나 없이 세련미 넘치게 소화한 시에나 밀러의 센스 역시 대단하다. 스트라이프, 퍼, 레오파드, 레이스 그리고 볼드한 빈티지 귀걸이를 한 스크린 속의 시에나 모습은 당장이라도 빈티지 마켓을 달려가 뒤지고 싶게 만든다.

쾌락주의 70년대. 이 시기에는 이전 시대들에 비해 하나의 뚜렷한 유행은 사라지고, 모두들 자신의 기분이 내키는 대로 입

기 시작했다. 바지는 핫팬츠 혹은 벨보텀나팔바지, 치마의 경우에는 미니스커트 혹은 맥시스커트를 입었는데 특정한 스타일에 편향되지 않고 마음대로 입었던 시기가 70년대다. 다양한 프린팅들도 등장했는데 그 중에서도 플로럴, 도트, 체크는 제일 많은 인기를 얻은 패턴이다. 또한 많은 디자이너들은 부드럽고 여성스러우며 로맨틱한 룩을 디자인했는데 이는 빅토리안과 아르누보 시대에서 영감을 얻은 것이기도 했다.

70년대의 대부분 의상들은 수작업된 원단으로 생산되었다. 70년대에 등장한 '디스코' 열풍으로 토요일 밤의 열기는 패션에도 변화를 일으켰는데 세퀸과 스판덱스 소재를 많이 쓰기 시작하면서 화려하고 현란한 패션을 선보였다. 디스코웨어는 클럽문화에 '도어 셀렉션'이 생겨나는데 기여했고 피트니스 패션에도 영향을 주었다.

80'

80년대에는 베르사체의 메두사 로고, 샤넬의 골드 체인 2.55백, 모피코트로 대표되는 리치룩이 유행했다. 드레스의 경우 세퀸과 비즈. 스터드 등이 수놓아 졌으며 넓은 어깨에 금테 단추 등으로 포인트를 주었다. 블루 아이섀도에 스프레이로 빳빳하게 부풀려 세운 헤어스타일이 함께 인기를 끌었다. 옷에 라벨링 작업은 거의 존재하지 않았고 옷이나 액세서리 그 자체에다 로고를 수놓거나 프린팅 했다. 또한 사회 전반적으

로 완벽한 몸에 대한 의욕이 높아지면서 피트니스
열풍이 불기 시작했고, 에어로빅 운동이 인기
가 많아지면서 스판덱스 소재의 운동복 또한
일상적인 데이웨어로 자리 잡기 시작했다.
골드, 글래머러스의 아이콘인 잔니 베르사체,
프렌치 스타일보다 런던 스타일을 추구한 장
폴 고티에 등이 대표 디자이너.

트렌치코트

영화 〈티파니에서의 아침을〉에서 비오는 날 고양이를 찾아 헤매던 오드리 햅번이 입고 있던 코트가 바로 트렌치코트! 고급스러우면서도 클래식한 멋을 뽐내는 트렌치코트는 추위와 강풍을 견딜 수 있는 원단인 '게버딘'으로 만들어졌다. 원래는 영국 군인들의 공식 군복이었는데 전쟁이 끝난 후에도 그 실용적인 점 때문에 사람들은 트렌치코트를 계속해서 입었고, 결국 오늘날 하나의 패션 아이템으로 자리 잡았다. '파리지엔느'에게 필수 아이템인 트렌치코트는 평소 입던 어떤 옷 위에 걸쳐도 그 자체가 독특한 스타일을 만들어 내기 때문에, 무엇과 함께 입어야할지 어려워 할 필요가 없어 자유로운 믹스&매치가 가능하다. 이너웨어를 어떻게 입느냐에 따라 다양한 분위기를 연출할 수 있는 트렌치코트지만 너무 과한 코디보다는 심플하고 단정하게 입어주는 게 훨씬 세련되고 스타일리시해 보인다. 스트라이프 티, 도트 블라우스, 로맨틱한 플로럴 프린팅 원피스 등 그 어떤 빈티지 아이템과도 잘 어울린다. 면, 울 등 다양한 소재로 만들어지고 있으며, 클래식한 샌드 베이지 컬러 말고도 네이비, 카키, 원색, 심지어 프린팅이 가미되어 있는 등 다양한 구성을 갖추고 있다. 특히 사계절 입을 수 있게 내피의 탈부착이 가능한 것도 있어 그 어떤 계절이 와도 시크함을 유지할 수 있다.

라이더 재킷

팬츠면 팬츠, 스커트면 스커트, 심지어 여성스러운 드레스에도 잘 어울리는 완소 아이템 라이더 재킷. 요즘 다들 옷장에 하나씩은 가지고 있을 정도로 인기가 많은데 대부분 자신의 몸에 피트 되게 입는 편이다. 하지만 빈티지 마켓에서 구할 수 있는 라이더 재킷의 경우 품과 어깨가 적절하게 맞는 것을 찾기는 어렵다. 가죽 소재 자체가 과하기 때문에 화려한 액세서리나 복잡한 디테일은 피하자. 심플한 이너를 매치할수록 시크한 연출이 가능하다. 라이더 재킷은 보통 무난하게 블랙과 브라운을 많이 입지만 컬러풀한 것도 많다. 그중 블랙 라이더는 베이직 아이템에 속할 정도. 찬바람이 불 때 꺼내 입기 시작해서 한겨울에도 레이어드용으로 입을 수 있다. 루즈한 티셔츠와 스키니진은 라이더 재킷의 정석 코디. 또 강한 느낌을 주는 라이더 재킷과 반대로 페미닌한 플로럴 프린팅 드레스를 매치하면 언밸런스한 매력을 뽐낼 수 있다. 레이스 소재의 드레스 혹은 쉬폰 소재의 롱스커트나 맥시 드레스와도 찰떡궁합. 안 어울리는 곳이 없을 정도로 머스트 해브 아이템!

MILITARY
야상, 밀리터리

F/W 컬렉션에서 빠지지 않고 매번 찾아볼 수 있는 아이템인 '야상/밀리터리 재킷'. 언제나 트렌디한 밀리터리룩을 대표하는 야상은 보온성과·스타일리시 두 가지를 모두 갖추어, 케이트 모스를 비롯한 많은 셀러브리티들의 사랑을 듬뿍 받고 있다. 버버리 프로섬부터 국내 브랜드까지 거의 모든 브랜드에서 야상 아이템을 갖추고 있으며, 카키색뿐만 아니라 베이지, 네이비 등 다양한 색상을 선보이고 있기 때문에 본인의 마음에 꼭 드는 야상을 찾는 건 그리 어렵지 않다. 특히 빈티지 마켓에선 실제로 군인들이 입었던 야상을 만날 수 있는데 몇 십 년 전의 물건임에도 불구하고 요즘 나오는 디자인에 뒤쳐지지 않는

세련됨까지 겸비하고 있다만 그만큼 가격도 센 편. 야상을 입는다고 꼭 터프하게 코디할 필요는 없다. 하늘하늘한 쉬폰 소재의 드레스나 레이스, 플로럴 프린팅과 함께 코디하면 야상의 투박한 느낌과 상반되는 느낌으로 여성스럽고 사랑스러운 분위기 연출이 가능하다.

보이프렌드 피트 재킷
오버사이즈 재킷

보이프렌드 재킷 혹은 오버사이즈 재킷은 서로 비슷하면서도 다른 아이템이다. 비슷한 점은 몸에 꼭 맞지 않고 헐렁헐렁해 마치 남자 재킷을 입고 있는듯한 느낌을 준다는 점이다. 혹은 진짜 남자 재킷을 코디하기도 하는데, 이렇게 커다란 재킷은 빈티지 스타일 연출에 빠질 수 없는 아이템이며 그만큼 마켓에서도 쉽게 찾아볼 수 있다. 많은 스트리트 패션 사진에도 엉덩이를 덮는 긴 기장에, 패드가 들어가 두툼하고 넓은 어깨, 박시한 피트의 재킷을 입은 사람들을 볼 수 있다. 이 재킷을 입을 때는 비슷한 기장이나 그보다 조금 더 짧은 이너를 입는 게 스타일링 팁. 재킷의 매니시한 요소와 쇼츠나 미니 드레스, 백 등의 페미닌한 요소가 만나서 섹시하면서도 스타일리시하게 연출할 수 있다. 무릎을 넘어가는 양말, 반스타킹 등의 오버니 삭스를 매치해주면 독특한 스타일링으로 변신한다. 오버사이즈/보이프렌드 피트 재킷을 입을 땐 이너와 하의는 스키니하고 타이트하게 연출해야 부해 보이는 감이 덜하다. 재킷은 단추에 따라 느낌이 많이 달라지는데 금장, 은장의 더블 버튼은 좀 더 튀는 반면 싱글 버튼은 상대적으로 날씬해 보이면서 깔끔한 느낌을 준다.

KNIT
니트

　　　유니크한 프린팅과 짜임이 매력적인 빈티지 니트. 날씨가 쌀쌀해지면 빈티지 마니아들이 제일 먼저 찾는 아이템이다. 빈티지 제품들은 요즘 나오는 니트에 비해 특이하고 예쁜 것들이 더 많다. 제일 기본인 아이보리 니트는 런더너들의 머스트 해브 아이템. 어렸을 적 할머니 댁에 가면 항상 깨끗한 아이보리 니트를 입고 반기시던 할머니가 기억이 난다. 길거리를 돌아다니다보면 이 니트류를 입은 사람이 한둘이 아닌데 각자 자기 스타일대로 코디하니 마치 새로운 니트를 입고 있는듯한 느낌이 든다. 많은 이들이 니트 안에 데님 셔츠나 다양한 컬러의 셔츠를 함께 레이어드해서 보온성과 스타일 둘 다 놓치지

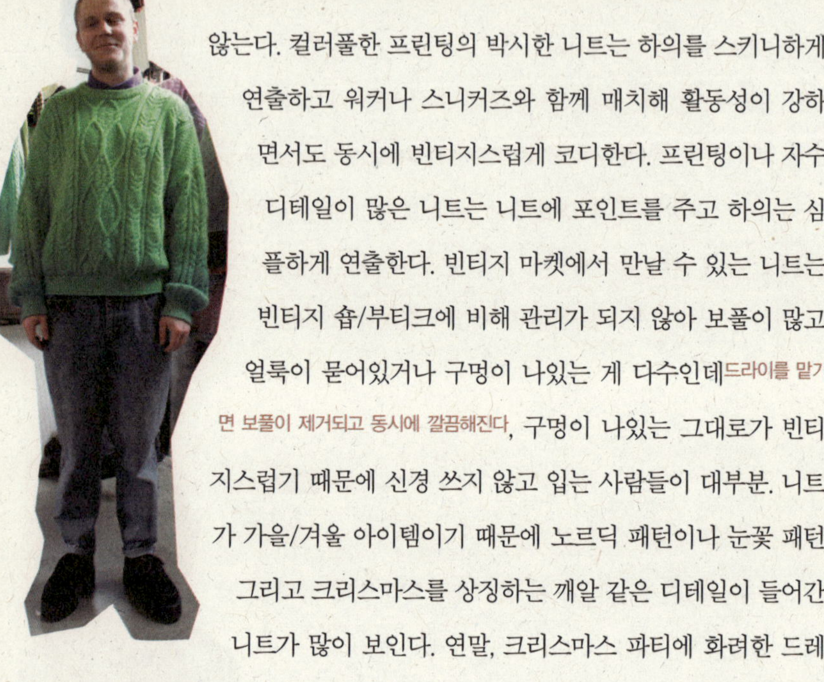

않는다. 컬러풀한 프린팅의 박시한 니트는 하의를 스키니하게 연출하고 워커나 스니커즈와 함께 매치해 활동성이 강하면서도 동시에 빈티지스럽게 코디한다. 프린팅이나 자수 디테일이 많은 니트는 니트에 포인트를 주고 하의는 심플하게 연출한다. 빈티지 마켓에서 만날 수 있는 니트는 빈티지 숍/부티크에 비해 관리가 되지 않아 보풀이 많고 얼룩이 묻어있거나 구멍이 나있는 게 다수인데 드라이를 맡기면 보풀이 제거되고 동시에 깔끔해진다, 구멍이 나있는 그대로가 빈티지스럽기 때문에 신경 쓰지 않고 입는 사람들이 대부분. 니트가 가을/겨울 아이템이기 때문에 노르딕 패턴이나 눈꽃 패턴 그리고 크리스마스를 상징하는 깨알 같은 디테일이 들어간 니트가 많이 보인다. 연말, 크리스마스 파티에 화려한 드레스가 부담스럽다면 이런 아기자기한 니트로 분위기를 내도 주목받을 것 같다. 더불어 빈티지 니트를 살 때 니트 안의 '섬유 혼용률'을 잘 살펴보고 캐시미어나 울이 많이 포함되어 있는 것을 고르자. 까슬까슬 거리는지 보드라운지 촉감 또한 만져보고 직접 느껴 볼 것. 짜임이 굵고 풍성한 니트의 경우 하의를 슬림하게 연출하면 날씬해 보인다.

　빈티지 마켓을 돌아다니다가 알록달록 마음에 쏙 드는 독특한 패턴과 경쾌한 디자인의 빈티지 원피스를 발견했지만, 기장이 길고 어깨에 패드가 들어가 촌스러운 그때 그 시절의 느낌인 경우 실망하게 된다. 이런 피트의 원피스들의 경우 기장을 무릎 위로 줄이고 드넓은 어깨의 두툼한 패드를 제거하는 등의 수선을 통해 모던함을 더해주자. 처음에 원피스만 두고 보면 촌스럽게 느껴질지라도 모던한 아이템과 함께 어떻게 스타일링을 하느냐에 따라 달라진다.

도트

꾸준하게 사랑 받아온 클래식 패턴인 도트는 좀 진부해보이지만 가장 여성스러우며 사랑스런 분위기를 잘 표현해 준다. 도트의 크기에 따라 핀 도트, 폴카 도트, 코인 도트 등으로 나눌 수 있다. 핀 도트는 얌전하면서도 아주 소녀적인 감성을 불러일으키며 빈티지 의류에서 가장 많이 볼 수 있다. 코인 도트는 말 그대로 동전 크기의 도트로 생동감 있게 연출되지만, 도트의 크기로 인해서 좀 확대되어 보일 수 있다. 페미닌하고 부드러운 도트부터 보색대비로 강한 도트까지 도트 하나면 빈티지 패션을 완성할 수 있어, 그야말로 마법의 패턴이다. 영화 〈귀여운 여인〉에서 도트를 입은 줄리아 로버츠는 사랑스럽기 그지 없었다. 모자에 두른 리본조차 옷에 맞춰 땡땡이로 매치하니 더욱 귀엽다. 집에 하나씩은 가지고 있을 흰 셔츠에 빈티지 마켓에서 구입한 도트 플리츠 스커트만 매치해도 센스 있는 빈티지 코디가 되어버린다.

스트라이프

　'마린 룩'하면 떠오르는 스트라이프는 도트와 마찬가지로 오랜 세월 동안 사랑 받아온 패턴중 하나! 스트라이프 티셔츠에 와이드 팬츠를 매치한 코코 샤넬의 클래식하고도 멋스러운 코디를 보면서 스트라이프에 대한 애정이 깊어졌다. 나는 색깔별, 선 굵기별, 소재별로 스트라이프란 스트라이프는 전부다 모으고 있을 정도로 스트라이프 마니아. 남들은 그 비슷비슷한 걸 왜 자꾸 사냐고 하지만 내 눈에는 아무리 봐도 제각기 다른 종류의 티셔츠 마냥 매력이 있는 걸! 빈티지 마켓에서도 수많은 종류의 다양한 스트라이프 아이템을 만날 수 있는데 옷은 오래되고 낡았지만 스트라이프의 다양한 콤비는 현대의 모던 룩과 매치해도 세월의 벽을 뛰어넘어 생동감, 우아함, 고전적인 느낌을 고루 보여준다. 이것이 스트라이프가 사랑 받는 이유겠지. 아주 싼 저가의 스트라이프에서 명품 브랜드의 스트라이프까지, 어린아이들의 옷에서 노인들의 옷까지, 남성복에서 여성복까지. 모든 의복에 어울리는 패턴으로 스트라이프만한 것이 또 있을까? 스트라이프의 대표적인 색상은 레드, 블루, 블랙이지만 최근엔 비비드 컬러를 바탕으로 제작된 상품도 많다.

체크 (깅엄, 타탄, 플레이드)

캐주얼부터 정장까지 다양한 스타일에 모두 어울리는 걸 고르라면 단연 '체크'라고 말할 수 있겠다. 유행에 뒤쳐지지 않으면서 스타일리시해질 수 있는 아이템 '체크'는 다양한 종류로 나눠진다.

먼저 깅엄 체크는 주로 흰색을 바탕으로 똑같은 크기의 정사각형이 반복된다. 시원해보이기 때문에 레트로 무드의 여름 리조트룩을 완성하는 데 일등 공신. 파랑색 깅엄 체크 셔츠를 입고 흰색 하의를 입어주면 그야말로 세련된 코디가 아닐 수 없다. 댄디하고 클래식하면서도 발랄한 느낌을 주어 S/S 컬렉션에 항상 등장하는 인기 아이템. 빨강, 파랑, 초록 등 어떤 컬러에도 자연스럽게 매치되는 깅엄 체크는 자칫 하면 '식탁보 혹은 커튼을 잘라서 만들어 입었니?'라는 질문을 받을 수도 있으니 체크의 크기를 고려할 것!

타탄 체크(플레이드 체크)는 원래 스코틀랜드 토호들의 문중을 구별하기

위해 나타낸 체크무늬의 일종으로 각각의 무늬는 스코틀랜드의 가문을 나타내고 있다. 보통 체크의 컬러 수가 풍부한 편이며 격자는 크고 가로 세로 비율이 동일하다. 그래서 한껏 클래식한 브리티시 무드를 연출할 수 있다.

하운드투스 체크는 사냥개의 이빨 모양이라고 해서 붙여진 이름으로 주로 재킷, 코트용 소재에 많이 이용된다. 주로 남성정장용으로 많이 쓰이지만 요즘은 여성의류에도 다양한 소재와 컬러감을 개발해 나오고 있다.

레오파드

'레오파드 프린트'하면 섹시하거나 과한 이미지가 떠오른다면 그 생각을 버리자. 레오파드는 패셔너블함, 스타일리시함과 필수 불가결한 관계라고 정의할 수 있겠다. 국내의 패셔니스타들의 파파라치 사진에 빠지지 않는 만큼 많은 여자들에게 많은 사랑을 받고 있는 레오파드. '돌체앤가바나 DOLCE&GABBANA'의 디자이너들은 본인들에게 있어 레오파드 프린트는 하나의 색상과 같다고 말한다. 시그니처 프린트가 레오파드인 이들의 컬렉션을 참고하는 것은 스타일링에 많은 도움이 될듯하다. 상대적으로 강해보이는 이미지의 레오파드도 전형적인 브라운 톤 외의 핑크, 블루 등 밝은 계열로 '러블리'하고 '귀엽게' 코디할 수 있다. 프린트의 크기와 컬러에 따라 다양한 분위기를 낼 수 있는 매력적인 레오파드. 아직 조금 부담스럽다면 머플러나 구두, 가방 등 액세서리부터 시작해 보자. 특히나 송치어린 송아지 가죽으로 된 액세서리 구두나 가방에서는 쉽게 찾아볼 수 있다. 블랙, 그레이 같은 모노톤의 옷에 레오파드 액세서리는 이미 베스트드레서감. 레오파드의 매력에 흠뻑 빠진 나는 다음 번엔 '레오파드 퍼 재킷'을 사서 입고 있을 것 같다.

플로럴

꽃 또는 식물이라는 뜻으로 고전적이고 사실적이며 섬세한 꽃무늬를 뜻하는 '플로럴'! 매년 어김없이 찾아오는 S/S 시즌 패턴 트렌드로 봄, 여름뿐만 아니라 사계절 내내 유용하다. 엄마나 할머니 옷장에서 빛을 발하지 못하고 묻혀있는 꽃무늬 아이템들을 당장 꺼내 입자. 잔잔한 꽃무늬, 화려하고 큼지막한 꽃무늬 등 조금 촌스럽지 않을까라는 생각이 드는 꽃무늬 일지라도 '모두 OK! 여성스러움, 소녀 감성의 대표적인 프린팅으로 상대적으로 화려한 편이기 때문에 심플한 아이템과 코디하는 게 더욱 자연스러워 보인다. 촌스

러워 시골 아가씨 같은 플로럴 프린팅도 물이 예쁘게 빠진 데
님 재킷, 같은 톤의 카디건 혹은 강한 느낌의 블랙 라이더 재킷
과 함께 코디하면 안성맞춤! 빈티지하게 연출하기 위해선 힐
을 벗고 옥스퍼드 같은 단화와 함께 코디하자.

레이스

스타일링에 따라 무한 변신이 가능한 레이스는 때론 여성스럽게, 때론 귀엽게, 때론 섹시하게 다양한 분위기를 낼 수 있다. '너무 공주처럼 보이지 않을까?'하는 부담은 갖지 말자. 누구나 가지고 있는 베이직 아이템들과 함께 코디하면 의외로 어렵지 않게 스타일리시해질 수 있다. 페미닌한 아이템이기 때문에 여기에 매니시한 아이템을 매치하면 세련된 느낌을 준다. 강렬한 스터드 장식이 들어간 백, 슈즈나 라이더 재킷을 함께 입어줘도 좋고 데님 재킷이나 야상을 걸쳐 줘도 잘 어울린다. 아이보리 컬러는 청순미를,

블랙 컬러는 섹시함을 표현할 수 있다. 올레이스가 부담스럽다면 옷깃 정도
에 레이스로 포인트를 주는 것도 나쁘지 않다.

데님

빈티지에서 데님을 언급하지 않으면 섭섭하다. 패션에
관심이 많은 사람들이라면 리바이스, 리LEE같은 브랜드의 '구제
청바지'를 한번쯤 입어 봤을 텐데, 그때 구입했던 옷들을 촌스
러워 입지 못하고 방치해 두었다면 지금이 입을 수 있는 기회!
또 빈티지 마켓이나 숍에서 발견할 수 있는 데님 아이템은 무한
하다. 데님 팬츠부터 셔츠, 재킷, 원피스 등 데님 소재로 만들
어지지 않은 게 없을 정도. 거기다 데님의 색상과 워싱에
따라 너무나도 다른 분위기 연출이 가능한데, 물 빠짐 없는 새 파
란 데님 재킷에 블랙 스키니와 워커를 매치하면 런더너를 따
라잡을 수 있다. 80년대 스톤워싱 데님 아이템도 멋스럽다. 양
털 내피가 덧대어진 'ROKIT'의 스톤워싱 데님 재킷을 보고 나
와 친구 마르코는 서로 갖겠다고 싸운 적도 있을 정도.

한국에서는 몇 년 전부터 '퍼 아이템'이 눈에 띄기 시작했는데 해가 지날수록 더 많은 여성들의 사랑을 받고 있다. 이제는 머스트 해브 아이템이 되어버린 퍼 재킷은 유럽의 스트리트 패션, 빈티지 패션에서 마구마구 사랑받고 있다. 겨울이 되면 서너 명에 한 명꼴로 눈에 띄는데, 특히 유럽의 뼈가 시린 추위에 맞서기 위해선 입을 수밖에 없다고. 사실 모피/퍼라고 하면 한국에서는 올드한 이미지가 떠오르기 마련이다. 아줌마들이 입고 다니는 마담 스타일이라 해야 할까? 그러나 이젠 패션 트렌드 한가운데에 자리 잡았을 만큼 인기 아이템. 빈티지 마켓과 숍에서 평범한 화이트, 브라운 컬러부터 알록달록 다양한 색상으로 염색한 것, 레오파드 프린팅까지 다양한 스타일의 빈티지 퍼를 찾아볼 수 있는데, 특히 어깨 부분이 넓어 실루엣이 예쁘지 않은 것들도 있기 때문에 꼭 착용해보고 자신의 몸에 예쁘게 피트되는 것을 고르는 게 중요하다.

또 하나, 유럽 스트리트 패션에서 겨울만 되면 너나 할 것 없이 퍼 모자로 스타일링을 하는데 퍼의 부피감 때문에 조금 커 보일지 몰라도 상대적으로 얼굴이 작아 보이는 효과와 함께 보온성도 뛰어나다. 세일 때 H&M에서 건진 퍼 모자는 너무 따뜻해서 쓰고 잘 정도. 특히 러시아나 북유럽쪽 사람들이 즐겨 쓴다.

빈티지
액세서리

남들의 이목을 끄는 빈티지 패션이 아직까지 조금 부담스럽다면 스카프 하나로 연출하는 것도 나쁘지 않다. 어느 날 헤어스타일이 지겨워 졌을 때 단돈 1유로로 건질 수 있는 빈티지 스카프를 활용해보자. 단순한 도트 프린팅부터 화려한 빈티지 에르메스 스카프까지 다양한데, 평소 본인이 입는 스타일과 색상 톤을 고려하여 잘 매치되는 스카프를 고르는 게 관건. 스카프의 크기에 따라서 다양하게 연출이 가능한데 쁘띠 스카프는 심플한 흰셔츠 차림에 목에 매주면 앙증맞은 빈티지룩을 마무리할 수 있다. 조금 더 큰 스카프들은 일자로 접어 정수리 부분에 리본을 만들어 주거나 리본을 묶고 남은 부분은 안으로 넣어 보이지 않게 정돈해도 된다. 빈티지 백의 스트랩을 스카프로 감싸 백을 한 단계 더 빈티지스럽게 표현할 수도 있다. 손잡이에 리본을 묶어도 되고 벨트 대신 스카프로 연출하는 것도 멋스러운 선택.

HAT

모자

스트리트 패션을 보거나 빈티지 숍, 마켓들을 돌아다니면 가방과 구두만큼이나 많이 보이는 빈티지 모자. 마치 하나의 예술작품같이 고급스럽고 화려한 모자부터 평소에도 쓸 수 있는 얌전한 모자까지. 어떤 룩에도 빠지지 않는 아이템인 만큼 그 종류 또한 다양하다. 요즘 패스트 패션 브랜드에서 매 시즌마다 나오는 '카플린'은 '와이드 브림햇'이라고도 불리며 반구형의 낮은 높이의 크라운과 부드럽게 퍼지는 넓은 브림모자의 챙 부분을 가지고 있는 모자를 일컫는다. 최근 국내 스타인 공효진이나 헐리웃 스타 바네사 허진스, 시에나 밀러 그리고 국내외 스트리트 패션에서 많이 보이는데, 평소에 입던 옷에 카플린 하나만 써도 복고 분위기를 내는데 도움을 준다. 의외로 아무 옷에나 잘 어울린다는 사실! 머리에 쏙 얹어주기만 하면 여름엔 햇빛 가리개, 겨울엔 모직 재질로 따뜻하게 코디할 수 있으며 스타일리시하기까지 하니 일석이조가 아닐 수 없다. 창이 너무 넓은 카플린이 부담스럽다면 창이 조금 좁은 것을 택할 것. 보통은 중간에 띠로 둘러주는 디테일이 있다.

'페도라'는 아마 많은 사람들에게 익숙할 것이다. 머리가 새하얀 할아버지들부터 풋풋한 10대 소녀까지 무난하게 누구에게나 어울려 남녀노소 가리지 않고 제일 많이 쓰는 모자다. 크라운 가운데 주름이 있어 살짝 각을 잡아주고 브림이 좁다. 이와 비슷한 모자로 일명 '찰리 채플린 모자'라고 불리는 '보울러'도 함께 통합해서 '페도라'라고 부르기도 한다. '보울러'는 크라운이 동그란 모양이라는 차이가 있다. 비스듬하게 머리위에 살짝 올린 베레모도 종종 보인다. 쓰면 파리지엔느가 된 것 같은 느낌을 주는 이 베레모는 얼굴형과 두상이 예쁜 사람에게 추천한다.

빈티지 마켓에서 가장 쉽게 발견 할 수 있는 아이템인 빈티지 선글라스. 낡고 다리 한짝이 부러진 것부터 중국산 제품까지 다양하게 있어 주의를 기울이며 골라야 한다. 요즘 나오는 선글라스에 비해 독특한 디자인과 컬러 프레임이 눈길을 끈다. 싸게는 10유로 정

도부터 몇 백유로까지 다양한 가격대가 형성되
어 있는데, 이름 있는 디자이너 제품에다 보
관 상태까지 좋으면 비싸다. 나 같은 경우 다
리가 헐거웠던 걸 지적해 케이스까지 단돈 5유
로에 득템한 적이 있다.

주얼리

가장 손쉽게 빈티지 스타일을 만들 수 있는 빈티지 주얼리. 낡고 세
월의 흔적을 느낄 수 있는 세심하고 정교한 주얼리는 반짝반짝 값비싼 보석
보다 더 멋스러운 아이들이 많다. 그중 우리나라에선 쉽게 찾아보기 힘든 수
만 가지에 달하는 다양한 빈티지 브로치는 빈티지 마켓을 즐겨찾는 중요한
이유 중 하나!

1920'

　　20년대 초에 핸드백은 여자의 복장에서 아주 중요한 역할을 했는데 세심하게 콤팩트, 립스틱 홀더, 거울 그리고 잔돈을 넣을 수 있게 디자인 되었다. 볼리드 Bolide 백은 지퍼가 달린 최초의 백으로 당시에는 혁명적이었고, 메탈 메시 이브닝백은 유행에 민감한 20년대 여성들의 마음을 사로잡았다. 이 디자인은 20년대 상류층의 여성들에게 붐을 일으켰고 50년대에 다시 만들어질 정도였다. Whiting and Davis의 메탈 메시백, 셀룰로이드 백, 메탈 화장품 케이스백, 요즘 다시 유행하고 있는 20년대 후반의 납작한 편지 봉투 모양에 구슬로 비딩된 클러치 등이 이 시대의 대표 아이템! 그리고 20년대와 30년대의 잘 만들어진 멋있는 트렁크들은 오로지 미적 이

유로만 수집, 구매할 가치가 있다. 불행하게도 바퀴가 달려 있지 않아 이동이 불편하고 무거워 오늘날 여행에 사용하기에는 실용성이 없기 때문이다.

1930'

20년대의 납작한 봉투같은 클러치가 30년대로 넘어오면서 커다란 클러치 스타일의 핸드백으로 발전했다. 낮에 들 수 있는 핸드백은 악어에서 뱀까지 다양한 가죽으로 제작되었고 30년대 후반에 크게 유행했다. 저녁에 드는 가방은 조금 작은 사이즈로 섬세하게 디자인되었으며 보통 정교한 구슬과 가짜 보석으로 만들어졌다. 30년대 후반으로 갈수록 이 백들은 좀 더 둥근 모양으로 변하게 되었고 소재는 고객들이 신발에 맞춰 요구하기 시작했다. 30년대 가방은 항상 구입할만한 가치가 있는데 이왕이면 악어가죽 백이 좋다. 카부츠 세일이나 플리 마켓을 눈여겨 보다보면 라벨이 붙어 있지 않은 높은 퀄리티의 악어가죽 백을 괜찮은 가격으로 살 수도 있다.

1940'

전쟁은 가방 스타일의 변화에 큰 영향을 주었다. 전쟁으로 인해 쓸 수 있는 원단의 양이 제한되었고 가방 역시나 별 다를 바가 없었다. 화려하고 허세로 가득 찼던 이전의 시대와는 다르게 가방이나 옷의 자재가 실크 대신 레이온 소재나 플라스틱, 식탁보 등으로 대체되었다. 기병의 허리에 차던 사첼 스타일의 백캠브릿지 사첼백은 블로거들, 패션 피플들 사이에서 매우 인기있다. 난 형광핑크제품을 가지고 있다과 sabretache 스타일의 백이 이 시대 데이웨어 드레스에 가장 적합한 액세서리로 유명해졌다. 이런 엄격한 소재, 수량 제한에도 불구하고 여성들은 여전히 최대한 예뻐 보일 수 있는 원단과 컬러 조합의 트렌드를 계속해서 관철했다. 40년대 말 크리스찬 디올의 '뉴 룩'이 등장하면서 오랫동안 기다려왔던 화려함이 부활했다. 이것은 옷뿐만이 아닌 가방에도 영향을 주었는데 손목 스트랩과 박스 스타일의 가방이 유행했고, 가죽을 다시 쓰기 시작했으며 금장, 체인, 군인 배지 같은 데코레이션 소품도 유행했다. 이브닝백은 럭셔리하고 호화스러운 깃털, 자수, 비딩으로 가득 차 가격은 말할 것도 없이 비쌌다. 40년대 이브닝백과 크리스찬 디올의 모든 것은 수집가치가 있다. 런던의 'Alfie's 앤티크마켓'이나 파리 플리 마켓에서 40년대 핸드백을 많이 찾아 볼 수 있다.

1950'

가장 엘레강스했던 이 50년대에 등장한 백들이 바로 에르메스의 켈리백과 샤넬의 2.55! 그레이스 켈리 공주가 'Life'의 커버에 그녀의 에르메스백과 함께 등장하면서 트렌드가 되었다. 유명한 샤넬의 2.55백 역시 1955년 2월에 구상되어 붙여진 이름으로 켈리백에 이어 50년대의 아이코닉 백으로 자리 잡았고 현재까지 그 인기는 여전하다. 요즘도 에르메스와 샤넬백의 가치는 떨어지기는커녕 높아지기만 하는 중. 옥션이나 빈티지 마켓, 숍에서 구매한 에르메스의 70년대 빈티지 버킨백이 어제 매장에서 갓 구입한 새 버킨백 보다 더 가치가 높다고 소더비Sotheby's fashion and costume department의 책임자 케리 테일러Kerry Taylor가 말했을 정도. 80년대에 샤넬 2.55 이미테이션 제품들이 많이 만들어지면서 간혹 빈티지 마켓, 숍에서도 그 제품들을 파는 경우가 있으니 꼼꼼히 따져보고 사야 한다.

1960'

60년대부터는 특별한 시대의 스타일이 따로 없었다. 다양한 핸드백 디자인들이 나왔는데 모두 패션에 영향을 미친 곳에서 영감을 받았다. 에밀리오 푸치 같은 경우엔 그의 트레이드마크인 소용돌이치는 사이키델릭한 프린팅에서 영감을 받아서 제작했다. 50년대와는 반대로 핸드백은 특히나 젊은 세대 사이에서 특별한 의미를 지니지 않았다. 핸드백은 실용적이고 여자의 옷장에 보완을 해주는 아이템이 아니라 그저 재미있고 기상천외한 액세서리일 뿐이었다.

1970'

큰 특징이 없던 70년대. 진귀한 모습의 클러치 백 정도가 모을만하다.

1980'

80년대는 지위를 상징하는 루이비통, 샤넬, 구찌같은 브랜드에 열광했다. 그래서 가짜 제품을 많이 만들어 내는 시기이기도 했다. 그래서 이 80년대 가방들을 구입하기 전에는 그것이 정품인지 현 매장에 가서 비교하고 확인 해보는 것이 가치 있는 행동이다.

에코백

대부분 면 100프로의 캔버스 원단으로 제작하여 친환경적인 가방. 100년이 지나도 썩지 않는 비닐봉투를 대신하여 에코백을 들고 다니기 시작했는데 어느 순간 트렌디한 아이템으로 자리 잡았다. 유럽의 많은 스트리트 패션에 볼 수 있는데, 그날 입은 옷에는 작은 핸드백이 어울리지만 넣어야 할 것은 많은 학생들이 드는 편. 이것저것 많이 넣을 수 있고 가볍고 편한데다 스타일까지 챙겨주니 사랑하지 않을 수가 없다. 특히 런던에선 '러프트레이드' 로고가 박힌 에코백을 하루 걸어 다니면서 열 명은 족히 볼 수 있을 정도. 피렌체의 '피티 워모' 남자컬렉션 박람회 에서도
러프트레이드 에코백을 들고 다니는
사람을 봤을 정도.

옥스퍼드 화

중성적인 느낌의 옥스퍼드화는 17세기에 영국 옥스퍼드 대학교 학생들 사이에서 부츠가 유행하자 이에 반대하면서 단화를 신었던 것이 그 시작이다. 앞코가 둥글고 발등 부분에 끈을 묶을 수 있는 가죽 구두로 고급스럽고 댄디한 이미지를 뽐내는데, 때론 보이시하게 때론 걸리시하게 다양한 분위기 연출이 가능하다. 복숭아뼈를 살짝 덮는 기장의 레이스 양말이나 컬러삭스, 니삭스와 매치하면 매니시하게만 보이던 투박한 옥스퍼드화가 러블리한 소녀의 이미지로 변신하니, 많은 패셔니스타들이 즐겨 찾는 필수 아이템이 아닐 수가 없다. 컬러와 디테일도 다양한데 봄, 여름엔

화이트가 가을, 겨울엔 블랙이나 빈티지 브라운 색상이 잘 어울리고 코디하기도 쉽다. 특히 펀칭이 들어간 디테일은 한껏 더 여성스러움을 강조해준다. 스트리트 패션에서도 단연 1위로 눈에 쉽게 띄었던 게 바로 옥스퍼드화.

메리제인 슈즈

'섹스 앤 더 시티'의 캐리가 사랑한 메리제인 슈즈! 동그란 앞코에 발등이나 발목에 스트랩이 있는 발레리나 슈즈를 연상시키는 신발을 메리제인 슈즈라고 부른다. 오드리 햅번을 위해 페라가모에서 오드리 슈즈라고 불리는 메리제인 슈즈를 제작했고, 그녀가 신고 나오면서 유행하기 시작했다. 어린 소녀들이 정장용에 신었던 신발로 플랫폼, 하이힐 등 다양한 스타일로 나오고 있는데 빈티지 마켓에서 만날 수 있는 것들은 대부분 굽이 낮은 단화 메리제인 슈즈. 메리제인 슈즈 하면 알렉사 청이 떠오를 정도로 그녀가 메리제인 슈즈를 매치한 사진들이 많다. 원피스, 스키니진, 데님 쇼츠 등 사실 안 어울리는 곳이 없는 메리제인! 크리스찬 루부탱, 마놀로 블라닉, 레페토, 샤넬 등 다양한 브랜드에서 매년 선보일 정도로 스테디셀러다. 최근 미우미우에서 나온 메리제인 슈즈는 완판이 될 정도로 인기가 많았다. 둥근 코때문에 너무 어려보일까 고민하는 사람들은 뾰족한 앞코의 메리제인을 추천한다. 은근히 섹시하면서 여성스러움을 강조해주니까.

WALKER

워커

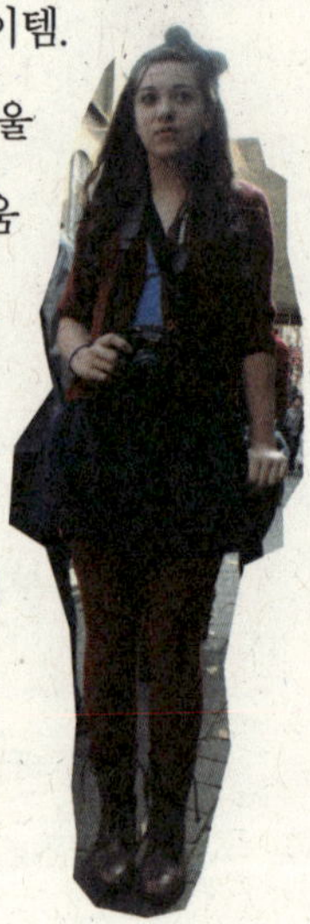

투박한 듯 멋스러운 빈티지 워커는 가을, 겨울의 잇 아이템. 발목까지 올라와 따뜻한데다 모든 옷에 스타일리시하게 잘 어울린다. 질이 나 반들반들한 가죽과 살짝 까진 것이 빈티지스러움을 더해주는데 블랙 워커에 블랙 스키니를 입으면 다리가 길고 날씬해 보이는 효과를 준다. 굽이 낮은 것부터 워커힐까지 다양하고, 기본적인 블랙이나 브라운 컬러부터 튀는 컬러까지 여러 종류가 있다. 여성스러운 원피스나 치마에도 투박한 워커가 의외로 잘 어울린다는 사실!

주의를 기울여야 하는
빈티지 어드바이스

.... 서두르지 말자.

대부분의 빈티지 숍은 짧은 시간에 '보물'을 찾기 힘든 방대한 양을 가지고 있다. 빈티지를 많이 접하고 사본 경험이 있어야 쉽게 발견 할 수 있다. 빠른 시간 내에 득템한다는 것은 '빈티지 고수'들만 가능한 게 현실. 차근차근 하나하나 입어보고 결정해도 늦지 않는다.

.... 갈아입기 쉬운 옷을 입자.

많은 빈티지 숍은 고작 커튼 하나에 의지한 체인징룸이 대부분이고 보통 빈티지 마켓의 경우엔 갈아입을 수 있는 곳이 없다. 쉽게 걸쳐 보거나 입을 수 있게 얇은 면티나 민소매티는 필수로 입자

.... 구입 전 그 숍의 '환불 정책'을 잘 알아보자.

대부분의 빈티지 숍들은 환불이 되지 않으며 소수의 숍들만이 교환이 가능
한 정도.

.... 오픈 마인드를 가지고 새로운 것을 발견하려고 시도해라.

가지고 싶은 어떤 특정한 아이템에만 포커스를 둔다면 당신에게 더 어울리
는 새로운 어떤 아이템을 놓칠 수 도 있다. '저건 내가 사고 싶었던 게 아니
야'하며 등 돌리지 말고 꼼꼼히 둘러보라는 이야기.

.... 현실을 직시하자.

가끔 높은 가치와 퀄리티의 피스를 생각지도 못한 곳에서 저렴한 가격에 만
날 수도 있지만, 플리 마켓에서 그럴 경우는 거의 없다. 오래 전에 만들 때
비싸게 만들어 진 옷은 그에 상응하게 요즘도 비싸다는 사실을 인정하자.

.... 인내심을 가져라.

때때로 마음에 드는 피스를 찾지 못한 채 이 숍, 저 숍 하루종일 옮겨 다닐지
모른다. 그러나 마침내 원하는 것을 발견한다면 그건 찾아 헤매고 뒤지던 시
간 덕분이다.

_________ 오프닝 시간을 재확인 하자.

가끔씩 옛날 정보를 가지고 방문했다가 굳게 잠겨 있는 숍을 만나기도 한다. 그때의 허무감은…….

_________ 사기전에 모든 것을 입어봐라.

여성복의 경우 20세기와 오늘날의 사이즈와 실루엣이 조금씩 다르기 때문이다. 더군다나 유럽은 고가의 브랜드 제품부터 시장바닥에 널려 있는 티 한 개도 전부 입어볼 수 있으니 한국처럼 눈치 보지 않고 자유롭게 입어보자.

_________ 필요한 정보는 망설이지 말고 물어보자.

웹상에서 쇼핑을 할 때에는 당연히 입어볼 수가 없기 때문에 사이즈와 상태에 관한 최대한 많은 인포메이션을 요구하자. 상세정보에 기재되어 있지 않은 정보도 물으면 친절히 대답해준다.

_________ 알고 있는 것부터 시작하자.

이미 옷장에 자리 잡고 있는 아이템들과 잘 어울릴만한 빈티지 아이템을 사는 게 최고. 나의 체형과 분위기에 맞는 옷을 사는 것은 기본적인 '상식'에 해당된다. 아이템이 아무리 예뻐도, 아무리 유명하고 가치 있는 물건이라고 해도 나에게 어울리지 않으면 과감히 포기할 것.

가 격 고 려 하 기

처음부터 비싼 제품은 지금도 비싸고 미래에도 비쌀 것이다. 더 싸게 살 수 있을 것이라는 생각은 하지 말자. 원하는 사람은 많은 반면 물건 자체는 많지 않으니 구하기 힘든 아이템은 비싸기 마련이다. 소수의 꾸뛰르 의상만 만드는 디자이너들의 작품이 평범한 기성복 디자이너 작품들보다 훨씬 값어치 있다는 사실은 진리일 수밖에 없다.

모 든 라 벨 / 택 을 신 중 하 게 보 고 공 부 할 것

몇 년 전까지만 해도 백화점 바이어들은 디자이너 제품의 모든 디테일, 원단, 패턴을 카피할 수 있는 라이센스를 살 수 있었다. 그래서 많은 딜러들이 오로지 그들의 이익을 위해서 오리지널 라벨을 라벨이 없는 옷이나 백화점 옷에 붙이기도 한다. 그러니 평균 가격에 비해 싸다고 느껴지면 의심을 해볼 것. 가끔 오리지널 제품이라고 속여서 파는 딜러들도 있다.

명심하고 또 명심할 것은 '상태! 컨디션!'
만약 투자와 콜렉팅을 목적으로 사는 거라면 아주 특별한 상황을 제외하고는 웬만해선 입어선 안 된다. 특히 쉽게 손상이 되는 것들을 주의하자. 입는 기쁨을 즐기려다가는 그 상품의 가치가 떨어지는 건 시간 문제.

디자이너의 가장 유명한 피스를 사라
앞에서 함께 보았던 1947년대 크리스찬 디올의 '뉴 룩' 컬렉션은 항상 콜렉팅할 가치가 있다. 제작년도는 디자이너 이름만큼이나 중요하다. '뉴 룩'은 그 시대를 대표하는 얼굴이었고 같은 디자이너라도 1953년의 평범한 컬렉션에 비해 훨씬 가치가 있다.

평범하고 지루한 데이 드레스는 사지말자
얼마나 그 옷이 잘 만들어 졌는지보다 디자이너의 시그니처 룩/피스를 사기를 충고한다. 콜렉팅을 위해 바잉한다면 그 피스들은 항상 감탄사를 연발하게끔 멋져야 한다. 그런 것들은 시간이 지나면 지날수록 더 가치 있어 질 것이다.